똑똑하고 빠른 살림 꿀팁 Get!

소소살림

우선 세상의 수많은 책 중에서 저희 북오션의 책을 읽어주신 독자님께 감사드립니다. 저희 책을 읽으시다가 새로운 생각이 떠오르신 분, 주제가 비슷하지만 변주하실 수 있는 분, 색다른 테마의 도서를 기획하고 계신 분은 주저없이 북오션의 문을 두드려주시기 바랍니다. 북오션은 24시간 열려 있습니다.

독자의 말에 귀를 기울이고, 저희에게 보내 주신 원고나 제안은 진지하게 검토해서 연락 드리도록 하겠습니다. bookocean@naver.com으로 보내주시기 바랍니다.

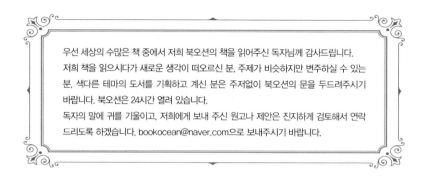

똑똑하고 빠른 살림 꿀팁 Get!

소소살림

초판 1쇄 인쇄 | 2019년 5월 10일
초판 1쇄 발행 | 2019년 5월 15일

지은이 | 여희정
펴낸이 | 박영욱
펴낸곳 | (주)북오션

편 집 | 이상모 · 고나희
마케팅 | 최석진
디자인 | 서정희 · 민영선

주 소 | 서울시 마포구 월드컵로 14길 62
이메일 | bookocean@naver.com
네이버포스트 | m.post.naver.com ('북오션' 검색)
전 화 | 편집문의: 02-325-9172   영업문의: 02-322-6709
팩 스 | 02-3143-3964

출판신고번호 | 제313-2007-000197호

ISBN 978-89-6799-472-3 (13590)

똑똑하고 빠른 살림 꿀팁 Get!

소소살림

여희정 지음

북오션
콘텐츠그룹

〈참 쉬운 살림〉 200% 활용법 5가지

이 책을 이렇게 보면 더욱 좋아요

1 참 쉬운 살림의 의미

살림을 해야 하는 의미와 간단한 동선을 미리 알려줘요. 무작정 시작하지 말고 먼저 이 부분을 읽으면 살림이 더욱 의미 있고 편해질 거예요.

04 가전 청소

언제나 산뜻하게, 생활 가전 대청소

생활 가전은 말 그대로 우리 생활에 이제 떼려야 뗄 수 없는 관계가 되었습니다. 매일 사용하는 물건이니 만큼 한 번 오염되면 우리의 건강을 심하게 위협할 수 있습니다. 역시 주기적으로 대청소를 해주면 언제나 산뜻한 기분으로 사용할 수 있습니다.

01 주방 세제를 묻힌 젖은 행주로 내부를 깨끗이 닦은 다음, 마른 걸레로 마무리합니다.

02 세제 찌꺼기가 남아 있지 않도록 마지막에 마른행주에 에탄올을 묻혀 소독해줍니다.

2 따라 하기 쉬운 살림 순서도

자세한 사진과 함께 쉽게 따라 할 수 있도록 번호를 붙여 두었어요. 순서대로 따라 하기만 하면 뚝딱 살림을 할 수 있어요.

3 상세 정보 팁박스

좀 더 자세히 알아야 할 추가 정보가 있으면 팁으로 따로 빼두었어요.

 주방에서 사용하는 행주, 수세미, 도마 등은 음식물과 접촉되는 소품이므로 위생적으로 세척되어야 합니다. 주방 소품은 수분과 함께 오물이 남아 있으면 세균 번식이 활발해져 가족의 위생을 위협할 수 있으므로 항상 청결을 유지하도록 노력하는 것이 중요합니다.

행주 위생적으로 사용하는 법

01 한 번 사용한 행주는 세제로 깨끗이 빨아 오물을 없앤 다음 락스 등의 표백제를 풀어놓은 물에 30분 이상 담급니다.

02 세제를 넣고 삶은 후에 헹궈 햇볕에 소독합니다. 이때 식초를 넣으면 소독과 냄새 제거에 좋습니다.

03 겨울철에는 주 2회, 여름철에는 이틀에 한 번 정도는 삶는 것이 좋습니다. 바쁠 때는 위생팩에 행주와 세제, 물을 넣고, 충분히 흔든 후 묶은 다음, 전자레인지에 1~2분 정도 돌리는 방법이 있습니다. 이 방법은 간단하긴 하지만 환경호르몬 문제 등 여러 논쟁이 있어, 되도록이면 가끔 사용하는 것이 좋습니다.

04 누렇게 변한 행주는 쌀뜨물에 2~3시간 담그면 어느 정도 깨끗해집니다. 주의할 점은 처음 씻은 물은 버리고 두 번째 씻은 물을 써야 합니다. 쌀뜨물도 천연 소재라 많이 쓰이는데 첫 번째 물은 농약 잔여물이 나올 수 있습니다.

05 세균은 보통 영하 1도면 모두 살균되므로 시간이 없다면 깨끗한 위생팩에 넣고 냉동실에 10~20분 정도 얼립니다.

06 행주는 오물을 1차적으로 닦을 젖은 행주, 2차로 깨끗이 마무리할 마른 행주를 준비해두어야 위생적으로 사용할 수 있습니다.

4 알아두면 더욱 도움이 되는 상식

그냥 지나칠 수도 있지만 알아두면 더욱 도움이 되는 살림 지혜가 틈틈이 보여요. 한 번씩 읽어 보면 좋을 거예요.

5 핑크엔느만의 노하우

10년이 넘게 살림을 해오면서 제가 직접 겪었던 노하우를 따로 담아 두었어요. 읽어 두면 제 노하우가 여러분의 노하우가 될 거예요.

BEFORE

온갖 먹을거리와 주방 살림살이로 어지럽혀진 풍경입니다.

일목요연함 없이 주먹구구식으로 쌓아둔 모습이지요. 보기만 해도 정신이 어지러운 이 주방이 어떻게 바뀔는지 〈수납의 마술〉을 한번 부려볼까요?

참 쉬운 살림으로 초대합니다

이 책을 읽으시는 주부님들 또는 예비 주부님들.

'참 쉬운 살림의 세상'에 입문하시게 된 걸 환영합니다. '연애는 로맨스 소설, 결혼은 역사 소설'이란 말이 있듯 달콤한 연애 시절과 신혼이 지나가면 끝없는 가사노동이 펼쳐지는 것이 결혼 생활입니다. "결혼만 해주면 손끝에 물 하나 묻히지 않게 해줄게"라던 남편은 "손에 물 안 묻게 이것 가지고 설거지해"라며 고무장갑을 내밀지도 모르고요.

살림, 한 집안을 이루어 살아나가는 일. 사전적 의미로 그러하지요.

그러나 많은 주부들에게 '어찌 해나가야 할지 모를 골칫거리'일지도 모르겠습니다. 하지만, 제게 살림이란 '창조적 예술'과 같답니다. 주부가 어떻게 해나가느냐에 따른 운용의 묘미가 있는 것입니다.

살림이란 것은 해도 태나지 않고 안 하면 금방 태나는 일이기에 주부들을 지치게 합니다.

하지만 똑같은 일이라도 어떤 프레임을 갖고 바라보느냐에 따라 그 의미가 달라지듯 '힘들고 끝없는 가사노동'이라고 생각하면 그 만큼의 가치밖에 지니지 못하고 '홈 CEO로서 내 살림을 디자인해나간다'라고 생각하면, 또 다른 큰 가치를 지니게 된답니다.

"내가 아는 최고 고액 연봉자 중 하나는 주부이다.

왜냐하면 그들이 받는 급여는 오직 순수한 사랑이기 때문이다"라는 버몬트의 말을 빌리지 않더라도 세상에서 가장 존귀하고 빛나는 일이 주부로서의 일입니다.

하지만, 청소하고 빨래하고 설거지하고 밥하고 하는 일상의 일들이 때로는 주부들에게 '내 삶은 무엇인가?' 라는 허무함을 가져다줄지도 모릅니다.

저는 주부님들이 그런 의문을 가지지 않게, 조금이라도 '살림을 신나는 퍼포먼스' 로 생각하며 즐기면서 할 수 있도록 곁에서 조곤조곤 도와주자는 마음으로 이 책을 썼습니다.

사실, 요즘처럼 인터넷이 발달한 세상에 클릭만 하면 얼마든지 정보를 얻을 수 있는데 군이 책을 구입해서 살림에 대한 정보를 얻을 사람들이 있을까 하는 의문, '하늘아래 새로운 것이 없다' 라는 말이 있듯 제가 지금까지 얻은 다양한 정보들이 다른 책과 중복되지는 않을까 하는 의문에 책을 쓰기까지 많은 고민을 했습니다.

하지만, 이제껏 14년 동안 겪어온 다양한 살림 노하우들과 시행착오들을 저만의 방식으로 여러분들에게 펼쳐 보인다면, '살림이란 그렇게 힘든 게 아니고, 나의 삶을 더 가치 있게 해주는 신나는 놀이' 임을 공감 받을 수 있을 것이라 생각했습니다. 분명, 제가 하는 이 작업들이 그렇게 무의미하지만은 않을 것이라고 믿습니다.

이것만 기억해두세요. 살림은 주기적으로 순환하는 시스템이어서 노하우만 안다면 빠른 시간 내에 집중해서 끝낼 수 있다는 것, 그리고 살림 자체가 목적이 아니라 효율적인 시간 관리를 통해 가치 있는 시간을 보내기 위함이라는 것을요.

자, 이제 '참 쉬운 살림' 을 즐길 준비가 되셨겠죠? 살림의 가장 기본이 되는 수납, 청소, 수선, 살림 기술에 관한 저만의 생생한 '리얼 살림법' 으로 여러분을 초대합니다.

– 여희정

CONTENTS

PART 01

참 쉬운 수납

참 쉬운 청소

PART 03

참 쉬운 수리, 수선, DIY

인테리어 시 지켜야할 원칙

PART 04

참 쉬운 살림의 기술

참 쉬운 수납

01 옷장수납

말끔말끔, 찾기 쉬운 옷장을 정리하자

옷을 걸어둘 때는 첫째 계절별, 둘째 길이별, 셋째 색깔별, 넷째 수납용기별로 구분하면 간단합니다. 이 원칙을 지키며 수납을 하면 옷을 걸어둘 데를 찾거나 입을 옷을 찾을 때 시간을 허비하지 않아 무척 편리하답니다.

01 | 옷장의 전체적인 모습입니다. 제철마다 자주 입는 옷은 가운데 걸기보다, 맨 오른쪽 코너에 걸어두면 찾기도 쉽고 꺼내기도 편해요.

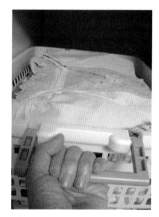

02 | 옷을 갤 때는 어떤 방법으로 개든지 수납바구니 크기에 맞게 사각으로 접는 것이 기본이에요.

수납 바구니는 통풍이 잘되는 라탄 소재나 구멍이 뚫려 있는 모양이 좋으며, 손잡이가 있는 바구니가 꺼내기 편리해요. 또한 수납 바구니 밑에는 꼭 신문지를 깔아두어 습기를 제거하고 옷장 안에는 제습제(방습제)를 두었다가 정기적으로 교환해야 합니다.

03 옷걸이를 걸어둘 때 너무 꽉 채워두면, 옷 관리에도 좋지 않고 꺼내기도 불편하므로 주먹 하나 정도는 들어갈 수 있도록 공간을 두는 것이 좋아요.

04 치마 역시 먼저 길이별로 구분하고 그 다음 색깔별로 구분해서 걸어두세요.

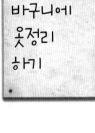
바구니에 옷정리 하기

01 옷을 접어서 보관할 때에는 우선 이렇게 통풍이 잘되는 바구니에 칸막이를 설치합니다.

02 그리고 일정하게 옷을 접어서 보관합니다.

03 완성된 모습입니다. 구김이 잘 가지 않는 옷감의 옷만 개어두세요.

04 | 하드보드지로 칸막이를 만들면 플라스틱보다 더 많이 수납할 수 있습니다.

05 | 얇고 튼튼해서 수납하는 데 아주 용이하답니다. 그리고 바구니나 옷의 수량에 따라서 자유롭게 잘라 사용하면 되므로 더 편리한 점도 있어요.

06 | 옷을 이중으로 수납할 때도 있는데 그냥 수납하면 한 벌 한 벌 일일이 다 꺼내야 하는 번거로움이 있답니다. 그럴 때 이렇게 하드보드지로 옆에 날개 부분을 만들어보세요.

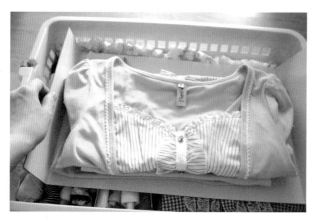

07 | 이중으로 수납해도 날개 부분을 잡고 한꺼번에 꺼낼 수 있으니 아랫부분의 옷을 꺼낼 때도 전혀 불편하지 않답니다.

08 | 단, 하드보드지를 이용해서 이중으로 수납할 때는 가벼운 면소재의 옷 몇 벌 정도만 얹어야 한다는 것, 잊지 마세요.

09 | 하드보드지를 이용한 칸막이 설치 모습이에요.

  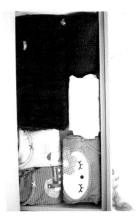

10 | 플라스틱 칸막이를 설치한 옷 바구니입니다.

11 | 손잡이 부분을 잡고 한꺼번에 이동하면 계절이 바뀔 때마다 옷장 수납을 다시 해야 하는 번거로움이 없답니다.

12 | 높이가 낮아서 세로로 수납할 수 없는 서랍장에는 이렇게 옷의 앞판이 보이도록 보관하는 것이 좋습니다.

단정하게
정리하기

01 수납박스나, 옷장의 각 칸에 웃옷을 쌓아둘 경우 보이는 쪽이 깔끔해야 합니다. 모든 수납에 있어, 보이는 쪽은 접힌 면을 일정한 방향으로 맞춰놓아야 깨끗해 보입니다.

02 즉, 이렇게 접힌 면이 일정하지 않은 쪽은 보이지 않아야 합니다. 옆의 사진과 똑같은 옷인데도, 훨씬 지저분해 보이죠? 옷뿐만 아니라 수건이나 행주, 이불도 마찬가지입니다.

폼보드로 칸막이 만들기

칸막이의 중요성은 계속해서 말했는데요, 폼보드 칸막이를 직접 만들면 어떤 사이즈에도 맞아 편하게 사용할 수 있습니다.

01 폼보드는 10mm 정도의 두께가 적당합니다. 칸막이를 수납 바구니나 가구의 사이즈에 맞게 재단한 후, 맞물릴 수 있는 홈을 칼로 파서 준비하세요.

02 십자 형태로 서로 맞물리게 합니다.

03 홈끼리 끼운 모습이에요.

04 간단하게 몇 칸짜리 칸막이가 완성되었습니다.

05 이렇게 완성된 칸막이에 여러 가지 작은 소품들을 보관하면 흐트러지지 않고 찾기도 쉽습니다.

03 │ 바지나 두꺼운 소재의 웃옷은 세로로 보관하는 것이 꺼내기에
　　 편합니다. 하지만 무조건 세로로 보관하면 옷끼리 엉키고 흐트
러질 수 있으므로 옷 크기에 맞게 자른 폼보드를 끼워서 깔끔하게 정
리합니다.

칸막이는 중요한 역할을
하며, 또한 편리하다는 사실을
잊지 마세요.
옷장 정리에 대해 여러 가지
노하우를 공개했는데요. 정리
하면 다음과 같습니다.
1 색깔과 길이를 맞춘다.
2 수납 도구는 비슷하거나 같
　은 형태를 사용해야 통일감
　이 있어 깔끔해 보인다.
3 옷은 수납 바구니에 맞게 사
　각으로 일정하게 갠다.
4 칸막이를 잘 이용한다.
5 이름표를 써둔다.

01 │ 넥타이나 스카프는 잘 정리해서 옷장 벽에 걸어두세요.

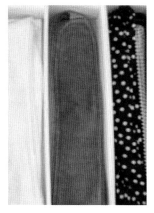

넥타이,
스카프
정리

02 │ 걸어둘 공간이 없다면,
　　 폼보드로 칸막이를 만들
어 수납해도 좋습니다.

옷을 걸고 남는 공간에는 바느질 함과 모자를 두어 공간을 활용하는 센스를 뽐내세요.

03 | 문 안쪽에다 벨트걸이를 이용하여 걸어두는 방법 도 있습니다.

04 | 이불은 계절별로 꼭 필요 한 한두 채 정도만 보관 하는 것이 좋아요.

이불이 많은 집일 경우 압축팩을 이용하는 것도 한 방 법이지만 보기에도 깔끔하지 않고, 매번 압축하고 다시 제거 해야 하는 불편함이 있답니다.

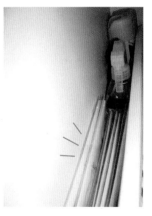

05 | 가운데 장의 맨 아래 칸 에는 침구 청소기를 두어 필요할 때마다 바로 찾아 쓸 수 있도록 동선을 최소화하는 것도 좋아요.

06 | 바구니를 넣고 남는 공간 에는 여분의 스타킹이나, 가구광택제, 섬유탈취제 등을 두 면 사용하기 편하죠.

문 뒤 짜투리 공간 실용적으로 활용하기

01 문 뒤쪽에는 접이식 옷걸이를 설치해 실내복이나 잠옷 등을 걸어보세요. 꼭 필요하면서도 보이지 않게 수납하길 원하는 옷들은 이렇게 데드스페이스를 이용하면 깔끔하게 정리할 수 있답니다.

02 문 뒤 벽면 데드 스페이스는 다음날 입고 갈 옷과 가방을 미리 챙겨두면 시간도 절약되고 편리하지요.

01 | 속옷이나 양말을 넣어둘 때는, 몸의 순서에 따라 위에서부터 러닝셔츠, 브래지어, 팬티, 스타킹(양말) 순으로 넣어두세요.

02 | 수납도구는 여러 가지가 있어요. 부직포는 자유롭게 넣을 수 있는 장점이 있는 반면 모양이 일정하지 않아 보기가 조금 좋지 않다는 단점이 있죠. 그리고 우유팩을 사용할 때는 깨끗이 씻어 말려야 해요.

동선의 최소화는 수납의 기본이랍니다. 리모컨은 밖에 두는 것보다 보이지 않게 수납하는 것이 깔끔하고 먼지도 묻지 않아 좋아요. 항상 제자리에 두면, 매번 찾는 일도 줄죠. 바구니를 넣고 남은 공간에 리모컨, 수첩, 핸드크림을 저는 넣어두었어요.

속옷, 양말 수납

옷걸이 선택이 수납을 좌우한다

옷걸이를 선택하는 것도 옷장 수납에서 중요한데요 옷걸이 종류에 대해 살펴보겠습니다.

01 상의 옷걸이 종류

① 소재가 두터운 재킷이나 코트
② 얇은 재킷이나 블라우스
③ 잘 흘러내리지 않도록 하는 옷걸이
④ 얇은 소재의 블라우스나 셔츠
⑤ 란제리룩 같은 끈 달린 원피스나 블라우스(흘러내리지 않도록 하는 옷)
⑥ 카디건이나 니트

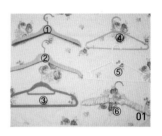

02 하의 옷걸이 종류

① 벨트나 넥타이걸이
② 얇은 치마나 바지걸이
③ 두꺼운 치마나 바지걸이

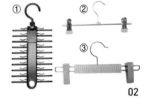

보조 옷장 활용

01 | 파우더룸의 옷장에 옷을 걸고 남은 공간인데요. 기존의 수납 바구니나 수납 상자가 맞는 규격이 없어서 고민을 많이 했습니다.

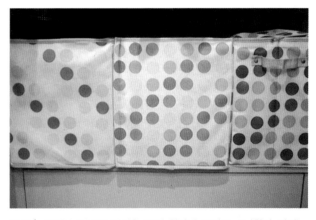

02 | 엄청난 인터넷 검색을 통해 찾아낸 부직포 수납함의 정체는, 바로 바로 재활용쓰레기 분리함이랍니다. 기존 수납 도구들이 맞는 게 없다면 이렇게 원래 제 용도가 아닌 것을 이용해보세요.

03 | 부직포수납함에 남편의
바지를 정리한 모습이에
요. 전부 남편의 옷과 물품들을
수납했답니다.

04 | 서랍에도 마찬가지로 하드보드지로 칸막이를 설치해서 남편의
옷과 물품들을 따로 정리했어요.

05 | 옷장 서랍에 작은 악세사리와 브로치들을 정리한 모습입니다.

02

옷 개기

차곡차곡, 깔끔하게 옷을 개자

옷을 개는 방법은 천차만별이지만 한 가지 원칙은 있어요. 어떤 방법으로 개든지 수납바구니 크기에 맞추어 사각으로 접어야 한다는 거 잊지 마세요. 그럼 옷 종류에 따라 개는 방법에 대해 살펴보도록 하겠습니다.

원피스

01 뒤편으로 편편하게 펼친 후, 리본은 대충 묶으세요.

02 양옆을 균형 맞추어 접은 다음에

03 아래쪽을 한번 더 접으세요(수납바구니 크기에 따라 2단이나 3단으로 접을 수 있어요).

026

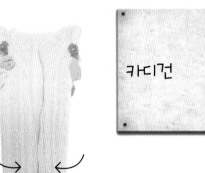

카디건

자주 입는 옷이나 구김이 잘 가는 옷, 원피스 등은 되도록 옷걸이에 거는 것이 좋지만 옷장의 공간이 제한된 이상 개어야 하는 경우도 많아요. 그럴 때는 되도록이면 면 종류의 구김이 가는 옷보다는 얇고 시폰 같은, 구김이 잘 안 가는 옷감의 옷을 선택하세요.

04 | 마지막으로 앞쪽으로 편 후 균형을 맞추어 사각으로 곱게 접으면 됩니다.

01 | 구김이 가지 않게 잘 펼치세요.

02 | 뒤로 돌려 양쪽 소매를 반으로 접으세요.

03 | 양옆을 한 번 더 중심을 향해 접은 후,

06 │ 아래쪽을 둥글게 말아주 세요.

05 │ 카디건은 접지 말고, 둥글게 말아서 보관해야 구김이 가지 않고 오래 입을 수 있습니다.

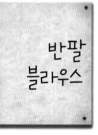

반팔
블라우스

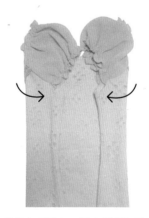

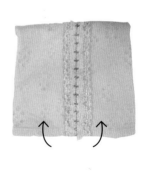

01 │ 편편하게 편 후

02 │ 뒤편으로 돌려 양쪽을 접으세요.

03 │ 그리고 아래쪽을 접으세요.

04 | 앞쪽으로 돌려 예쁘게 모양을 잡으면 됩니다.

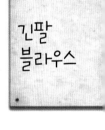

01 | 편편하게 펴놓으세요.

02 | 소매를 ×자로 곱게 접은 후 아래쪽을 반으로 접으세요.

03 | 앞으로 돌려 사각으로 보기 좋게 정리합니다.

하드페이퍼 이용법

01 일정한 모양으로 개기 힘들다면 와이셔츠 같은 옷을 구입할 때 옷 안에 끼워져 있는 하드페이퍼를 이용하면 좋답니다.

02 옷 위편에 하드페이퍼를 끼우고 옷을 접으세요.

03 각이 잘 잡히고 모양도 반듯해서 좋아요.

01 | 우선, 이렇게 잘 펼쳐놓으세요.

02 | 지퍼가 있는 곳을 기점으로, 세로로 접으세요.

03 | 아래쪽을 잡아서 반으로 접으세요.

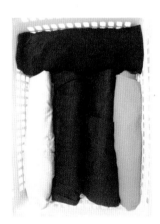

바지는 되도록이면, 바지걸이에 걸어서 옷 형태를 유지하는 것이 좋으며 요즘은 다양한 바지걸이가 있으므로 한꺼번에 많은 양의 바지를 걸 수 있어요. 그래도 바지 거는 곳이 모자랄 때는 잘 구겨지지 않는 소재의 바지는 접어서 보관해야 하겠죠?

04 | 그냥 접어놓으면 구겨지는 경우가 많으므로 둥글게 마세요.

05 | 이런 식으로 둥글게 만 바지는 수납바구니에 가로로 쌓지 말고, 세로로 넣어 보관하세요. 바지 자체가 칸막이 역할을 해서 좋습니다.

01 | 우선 옷을 중앙에 맞춰 뒤집어서 놓으세요. 앞으로 놔두면, 개고 나서 옷 모양을 알 수 없어 어떤 옷인지 구분하기가 힘들어요.

02 | 왼쪽 날개판을 접습니다.

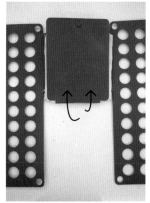

04 | 오른쪽 날개판을 접습니다.

05 | 날개판을 펴면 이런 모양입니다.

06 | 마지막으로 아랫부분의 판을 접습니다.

07 판을 펴면 이런 모양이 나오지요.

08 아주 편하고 쉽게 옷을 갤 수 있답니다.

가방이나 모자, 패션 소품을 정리하자

01 가방 반드시 안에 신문지를 넣어 습기를 제거하고 형태를 유지할 수 있도록 해야 합니다. 봉에다 S자 고리를 걸어서 보관하면 가방끼리 흐트러지지도 않고, 꺼내기도 편해요.

02 모자 신문지를 안에 넣어 습기를 제거하고 형태를 유지하는 것이 좋아요.
벨트, 스카프, 넥타이 칸막이가 있는 수납바구니에 동그랗게 말아서 두는 것이 좋습니다.

03 자주 쓰는 모자는, 문 뒤쪽에다 접이식 옷걸이를 설치하고 걸어두면 외출할 때 편합니다.

04 북엔드를 이용하면 핸드백 등 작은 가방을 쉽게 수납할 수 있어요.

03

공간활용

넓찍넓찍,
데드 스페이스를 활용하자

집 안 구석구석 잘 살펴보면 활용할 수 있는 공간은 무궁무진한데요. 이 공간에 상자나 바구니를 이용해 깔끔하게 수납하면 공간도 활용하고 지저분 한 것도 눈에 안 보이게 치울 수 있어 일석이조랍니다.

침대 밑 활용

01 침대 밑 공간도 훌륭한 수납 공간이 될 수 있는데, 철 지난 옷이나 가끔씩 입는 옷을 수납하면 좋아요.

02 침대 밑에 수납할 때에는 손잡이와 뚜껑이 있는 박스를 이용해야 꺼내기도 편하고 먼지도 쌓이지 않아요. 수납 박스는 되도록 비슷한 크기나 디자인을 선택하면 통일감이 있어 보기에 깔끔합니다.

03 침대 밑에 수납 박스를 넣어두었다면 침대 스커트를 입혀 가려주세요. 수납과 장식을 동시에 만족시켜 줄 수 있어요.

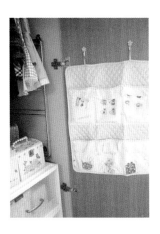

01 옷장 문 안쪽에는, 패브릭 걸이를 걸어 가벼운 양말이나 손수건 등을 넣어두는 것도 좋아요.

02 패브릭 걸이 뒤쪽을 글루건으로 살짝 고정시켜주면 문을 열고 닫는 데 불편하지 않아요. 특히 문 안쪽에는 가벼운 것, 문 열고 닫는데 거치적거리지 않는 것을 수납해야 합니다.

수납에 욕심을 내어 이것저것 달다 보면 오히려 더 지저분해 보이고 불편합니다. 자주 사용하면서 가벼운 것으로 하나 정도만 다는 것이 좋아요. 데드 스페이스를 활용할 때는, 수납도 중요하지만 사용하는 데 불편함이 없도록 해야 해요.

옷장 문
안쪽 활용

04

화장대 수납

블링블링, 화장대를
화사하게 수납하자

아무리 근사한 화장대라고 해도 수납이 제대로 되어 있지 않으면 지저분해 보일 수밖에 없답니다. 화장대 수납의 핵심포인트는 사용 빈도에 따라 화장품들을 깔끔하게 정리 정돈하는 것입니다. 그럼 한번 살펴보도록 할까요?

화장품을 둘 때에도 아무렇게나 두지 말고 바르는 순서에 따라 왼쪽에서부터 오른쪽으로 배치하면 훨씬 편하게 화장할 수 있습니다.
이렇게 하는 것이 바쁜 출근길이나 외출 시에도 편리해서 좋아요.

01 │ 매일 쓰는 기초 화장품은 화장대 위 트레이에 두어 한 번에 쉽게 이동 할 수 있도록 하는 것이 좋아요. 먼지가 쌓이는 게 싫다면, 메이크업 박스에 담아 두는 것도 한 방법이라 할 수 있죠. 핑크 수납통에는 빗이나 메이크업 브러시를 꽂아두어 자주 사용하는 데 불편함이 없도록 합니다.

02 │ 자주 쓰는 립스틱은 칸이 있는 수납 도구를 사용하면 편하고, 귀여운 리본을 이용해 좀 더 예쁘게 꾸밀 수 있어요.

03 이제, 서랍 안을 하나씩 살펴보도록 해요.

이 화장대는 총 5개의 서랍이 있는데 얼핏 보면 별로 수납이 될 것 같지 않은 작은 공간이지만 어떻게 쓰느냐에 따라 제법 알찬 공간들로 태어날 수 있습니다.

❶ 왼쪽 위 서랍은 손이 가기 가장 편한 곳이기 때문에 사용 빈도가 높은 색조 화장품이나 액세서리, 명함 등을 두어 찾기 편하게 수납하도록 하세요.

❷ 왼쪽아래 서랍입니다. 칸막이가 없거나 설치할 수 없다면, 이렇게 작은 파우치나 필통 같은 것을 두어 파우치 자체가 칸막이 역할을 하게 하는 것도 좋은 방법입니다.

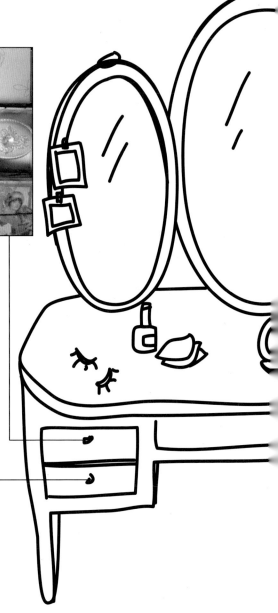

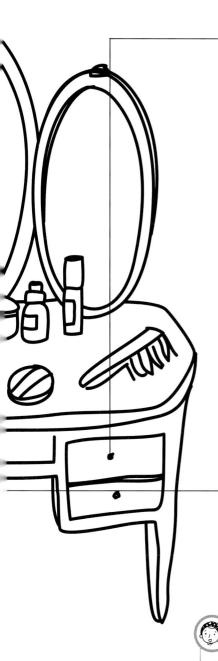

❸ 오른쪽 위 서랍이에요. 긴 화장품 박스는 버리지 않고 이렇게 화장품 도구나 브러시 등을 넣어두었어요. 작은 명함통도 버리지 않고 폴라로이드 사진이나, 매일 쓰는 액세서리 등을 넣었습니다.

❹ 가운데 서랍이에요. 이 서랍은 미리 칸막이가 되어 있어 편했어요. 매일 쓰는 면봉, 화장 솜, 거울, 패키지 화장품 등을 보기 좋게 수납했어요.

화장대 안은 작은 박스나 플라스틱 통을 이용해서 가지런하게 수납하면 좋아요.

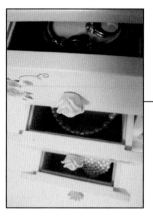

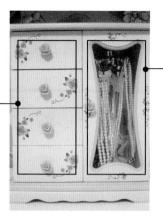

액세서리 수납법

우선 먼지가 쌓이지 않아 좋고 서랍이 많아서 반지, 귀고리, 팔찌, 시계 등 분류하기가 좋아요.

01 이런 형태의 액세서리 보관함 하나면, 모든 액세서리 보관이 OK. 이런 스타일로 된 보관함은 많이 있으니 여러분들께도 적극 권합니다.

옆에는 목걸이를 보관할 수 있어 한 번에 원하는 액세서리를 찾을 수 있어요.

귀고리 보관법

01 귀고리는 구입한 곳에서 주는 미니 지퍼백을 이용해서 보관하면 한쪽을 잃어버릴 염려도 없고 스크래치도 나지 않아서 오래 사용할 수 있어요. 여러분들도 구입처에서 주는 미니 지퍼백은 꼭 버리지 말고 사용하도록 하세요.

02 김 케이스는 기름을 깨끗이 세척한 후 서랍 안에 두면 칸막이 역할을 해주어 좋은 수납 도구가 됩니다. 액세서리를 보관했어요.

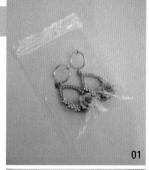

01

02

01 여성분들은 머리띠가 많으면 수납에 골치를 앓기도 하는데, 이 방법을 한번 활용해보세요. 우선 머리띠가 들어갈 적당한 바구니에 사진처럼 칸막이를 설치합니다.

02 머리띠의 장식 부분이 겹치지 않도록 엇갈리게 정리합니다.

03 머리띠의 특성상 마구 헝클어지기 쉬운데 이런 방법으로 수납하면, 전혀 헝클어지지도 않고 쏙쏙 잘 빠져서 사용하기도 편하답니다.

04 한번 사용해보시면, 다른 어떤 방법보다도 편하다는 것을 아실 거예요.

머리띠
수납법

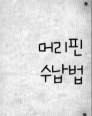

**머리핀
수납법**

01 | 머리핀을 정리하실 때는요. 그냥 정리하는 것보다, 사진에서처럼 가운데에 막대 같은 것을 꽂아서 정리하는 것이 좋답니다.

02 | 그리고 칸막이 박스에 이렇게 보기 좋게 정리하면 됩니다.

**목걸이,
귀고리
수납법**

01 | 보석함 안에 목걸이를 그냥 넣어두면 자꾸만 흐트러져서 사용하기 불편합니다. 위아래에 시침핀을 일정하게 꽂아 정리하니 모양도 잡히고 전혀 흐트러지지 않습니다.

02 | 마찬가지로 귀고리도 이렇게 짝을 지어 시침핀에 꽂아두면 사용하기 편합니다. 그냥 시침핀보다, 사진처럼 윗부분에 알이 있는 것이 알아보기도 쉽고 정리도 수월합니다.

02 | 안 쓰는 조리 도구 걸이를 목걸이 수납에 쓰면 아주 편리합니다. 때론 도구의 용도를 변경해 보세요.

05

모아모아, 어지러운 전선
단정하게 정리하자

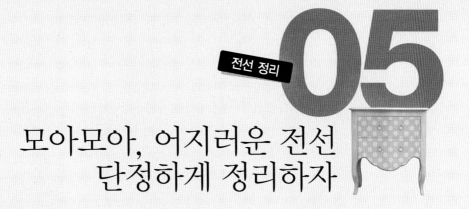

사용하지 않는 멀티탭이나 충전기들을 서랍에 넣어두면 전선들이 엉켜서 눈이 핑핑 돌 정도가 되지요. 전선들도 수납의 기본 공식에 따라 간편하게 정리하면 무척 편하답니다.

01 요즘은 디지털카메라나 내비게이터, 휴대폰 충전기 등 충전해야 할 기기들이 많아요. 그런 기기들을 보기 좋게 수납해놓지 않으면 금방 선이 헝클어져서 찾으려면 한참이 걸리곤 합니다. 이런 물건들은 그때그때 충전할 수 있도록, 하지만 보기 싫지 않도록 서랍 안에다 칸막이박스를 두어 수납해야 합니다. 각 기기에 어떤 용도인지 이름표 쓰는 것도 잊지 마세요.

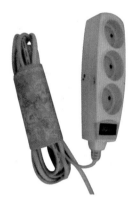

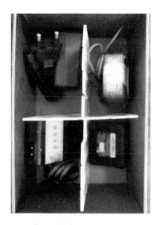

02 만약, 콘솔이나 서랍 안에 둘 여건이 되지 않는다면 예쁜 박스 안에 칸막이 수납 도구를 넣어 보관하는 것도 한 방법이에요. 휴지심에 예쁜 시트지를 붙여 긴 전선을 쏘옥 넣어두기도 하는데 전선을 꼬아서 두면, 화재 발생의 위험이 있어요. 자주 쓰는 전선에는 사용하지 말고, 남는 전선이나 오래도록 사용하지 않는 전선을 보관할 때 사용하세요.

03 칸막이를 설치해서 흐트러지지 않도록 수납해야 찾을 때 헛수고를 하지 않습니다.

04 문구점에서 파는 링을 이용하면 아주 깔끔한 정리가 됩니다.

06

깔끔깔끔, 집의 얼굴 거실을 수납하자

저희는 거실에서 TV를 치우고 서재를 만들어서 다른 집들과 조금 다를 수도 있어요. 하지만 거실장과 책장, 식탁이 있는 것은 비슷하니 집을 꾸미는 데 도움이 될 거예요. 그리고 자녀가 있는 분들은 이렇게 거실을 서재로 만드는 것도 많은 이점이 있으니 시도해 보시면 좋을 듯합니다.

거실장

01 | 거실장의 전체적인 모습니다.

02 | 왼쪽 서랍에는 자주 듣는 CD와 테이프 등을 수납했어요. CD 는 서랍문을 열었을 때, 제목이 위쪽으로 보이면 찾기 편하겠 지만 사이즈가 맞지 않아서 어쩔 수 없이 저렇게 수납했는데요. 아니 면, 네임펜으로 위쪽에 제목을 써두는 것도 한 방법입니다.

과자통은 자체가 예뻐서 수납도구로 활용할 때 따로 리 폼하지 않아도 되요. 쿠키통이 나 과자통, 롤리팝스 통 같은 것은 유난히 일러스트나 예쁜 그림으로 되어 있는 것이 많으 니 잘 살펴보시고 수납용품으 로 활용하세요.

03 | 저와 아이들은 거실에서 머리를 말리고 꾸미기 때문에 가운데 서랍에는 이렇게 헤어용품들을 한 번에 찾을 수 있도록 수납했어요. 드라이기, 빗, 헤어 에센스, 헤어 장식품, 고데기 등을 큰 바구니 안에 작은 바구니를 넣어서 분류해 한눈에 찾기 쉽도록 했어요.

여성분들이라면, 고데기나 펌기가 하나 정도는 있으실 텐데요. 이렇게 원통형 플라스틱 통에 두면 헝클어지지도 않고 참 편하답니다.

04 | 오른쪽 서랍은 3칸으로 나뉜 미니 바구니에 아이들 교육카드, 리모컨, 영어책을 들을 때 필요한 MP3 등을 수납했어요. 리모컨은 특히 밖에 두면 어디 두었는지 잃어버리기 쉬운 물건인데 서랍 안에 자리를 마련해두면 깔끔하고 잃어버릴 일이 없답니다.

05 | 배달 음식이나 세탁소 등 필요한 전단지는 파일을 이용해서 한곳에 깔끔하게 정리해보세요.

밑에는 타포린백을 두어 재활용 수납할 때 바로 그 자리에서 넣어버릴 수 있도록 하세요. 원스탑으로 이루어지는 동선의 최소화는 수납의 기본 철칙이라 할 수 있겠죠?

05 신문지는 유리를 닦거나 청소할 때에도 자주 사용되기 때문에 바구니를 준비해서 재활용하기 전까지는 거실 한편에 두는 것이 좋습니다.

신문 보관함 옆 서랍장에는 가위와 파일을 두어 필요한 신문 자료들을 바로 스크랩해서 많은 정보와 함께 지식을 얻을 수 있도록 했어요.

01 거실을 서재로 만든 공간입니다. 주방이 일자형이라 식탁을 놓기에는 너무 좁았는데, 이제는 책상과 식탁을 겸할 수 있어, 탁월한 선택이었다고 자부한답니다.

02 테이블 역시 수납을 위해 서랍이 있는 것을 선택했어요. 오른쪽 서랍에는 수저를 놓는 곳과 아이들에게 필요한 물티슈를 정리했습니다.

03 왼쪽서랍에는 책상으로 쓸 때 필요한 아이들 문구용품들을 가지런히 수납했어요.

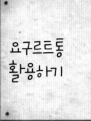
요구르트통
활용하기

주위를 둘러보면, 생활에서 쉽게 접할 수 있는 재활용품들이 훌륭한 수납 도구가 된답니다. 특히나 이렇게 작은 물건들을 수납할 때, 떠먹는 요구르트 통을 활용하면, 흐트러지지 않게 수납할 수 있어 편리합니다.

거실
장식장

서랍 안에는 가족들이 언제든 필요할 때 찾아 쓸 수 있는 작은 생활용품들을 수납했어요.
면봉, 손톱깎기, 귀이개, 연고, 반창고, 그리고 전화번호부를 칸막이 있는 작은 수납박스에 일목요연하게 정리해놓았습니다. 연고에는 네임펜으로 유효기간을 적어놓는 센스, 잊지 마세요.

거실 장식장입니다. 쓰레받기, 휴지통, 각티슈, 무선전화기 등 거실에 꼭 필요한 물건들을 수납하세요.

책장 관리하기

| 01 | 책을 수납할 때에는, 우선 같은 분류의 책들로 나누어주세요. 에세이는 에세이끼리, 소설은 소설끼리, 실용서는 실용서끼리 말이에요. 다음은 그 분류된 책을 높이 별로 나눠주면 사진에서 보는 것처럼 아주 깔끔하게 수납하실 수 있습니다. |

| 02 | 책장 아래는 문이 달려 있어 가려야 할 것들은 깔끔하게 수납할 수 있어요. 필요한 용품들을 종이박스에 가지런히 모아두세요. |

책을 수납할 때는 목장 갑을 끼고 하시는 것 잊지 마세요. 슥슥 책에 묻은 먼지도 닦을 수 있고 종이에 손이 베이는 것도 막으며 손이 아픈 것도 방지할 수 있습니다. 목장갑이 금세 더러워질 수 있으니 2~3개쯤 준비해 두세요.

기본 수납 시설을 이용하자

리바트프로슈머 때 받은 뮤2 거실장인데요. 큐빅과 플라워 패턴이 아름다운데다가 거실의 크기에 따라 가로로 사이즈 조절을 할 수 있어 편하고, 수납 시설도 아주 잘 되어 있었습니다. 가구 자체 수납 시설이 잘 되어 있으면 편하답니다.

01 | 두껍고 이미 본 책들은 자주 꺼낼 일이 없기 때문에 그냥 꽂아도 무방하지만 자주 꺼내야 할 책들은 이렇게 북엔드를 활용하는 것이 좋습니다.

02 | 저는 딸아이의 문제집과 자주 쓰는 노트를 위해서 북엔드를 활용했는데요. 북엔드가 없으면 자꾸만 한쪽으로 쓰러지거나 정리하는 데 많은 시간을 소모합니다.

03 | 또한 너무 얇거나 작아서 쓰러지기 쉬운 책들도 이렇게 북엔드를 활용하면 수납하기가 편하답니다.

04 | 북엔드가 아니더라도 세트로 된 책은 딸려 나오는 수납 케이스가 있기 때문에 책장 중간에 두시면 양쪽으로 지지할 수 있어 북엔드의 역할을 대신합니다.

01 | 공구는 필요할 때 바로 꺼내 쓸 수 있도록 가까운 곳에 일목요연하게 정리해두는 것이 좋습니다.

02 | 큰 바구니와 칸막이 박스로 공구들을 나누고, 펜치나 니퍼, 칼 같은 것은 칸막이를 만들어 넣어 두면 하나하나 꺼내기가 쉽고 편합니다.

03 | 드라이버 종류들도 보기 좋게 정렬해서 필요할 때 헷갈리지 않고 바로 꺼낼 수 있도록 합니다.

숨 쉬는 공간을 마련해주자

예전에 살던 집에서는 수납장 안 가득히 4백 권이 넘는 스크랩 파일들이 있었어요. 인테리어, 리모델링, 살림, DIY, 육아 등 17년 동안 모은 자료만 해도 웬만한 인터넷 자료보다 더 방대할 정도였습니다.

이사 오면 이 스크랩 파일들만 모아서 나만의 도서관을 만들고 싶은 작은 소망이 있었지만 공간들이 부족했기에 눈물을 머금고 필요한 지인들에게 나눠주거나 처분해야 했답니다. 이렇듯 수납을 위해선 '과감하게 버릴 줄 아는 용기'도 필요합니다. 아깝다고 생각지 말고, 살림 공간에 숨 쉴 자리를 마련해준다고 생각하면 그만큼 수납 공간이 넓어집니다.

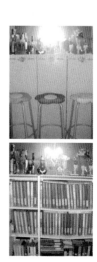

07 주방수납

깨끗깨끗, 주부의 일터
주방을 수납하자

우리집 주방은 세로로 길쭉한 일자형 주방인데 식탁을 놓으면 너무 좁아져, 식탁을 거실 쪽으로 옮겼습니다. 음식을 거실까지 옮겨야 하는 불편함은 있지만, 대신 주방을 넓게 쓸 수 있고 새로운 분위기에서 식사를 할 수 있다는 장점이 있어요. '식탁은 꼭 주방에 있어야 한다'는 고정관념에서 벗어나 공간을 재구성해 보는 것도 좋을 듯해요.

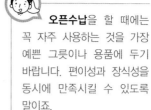

오픈수납을 할 때에는 꼭 자주 사용하는 것을 가장 예쁜 그릇이나 용품에 두기 바랍니다. 편이성과 장식성을 동시에 만족시킬 수 있도록 말이죠.

01 | 싱크대의 전체적인 모습입니다. 흰색 문과 대리석 상판으로 깔끔하게 보이지요. 가장 자주 사용하는 것은 오픈수납으로, 그 외의 것은 상부장에 보이지 않게 수납했습니다.

02 | 저는 천원샵에서 산 도구들을 많이 애용했어요. 물론 페트병이나 박스 등을 리폼해서 써도 좋지만, 머그컵 꽂이, 접시 꽂이, 3단선반 등을 이용하면 보기 좋고 사용하기도 편하답니다.

── 위쪽의 휴지케이스는 키친타월과 휴지를 동시에 수납할 수 있어요. 그리고 상판에는 시계와 커피잔을 둘 수 있고요.

── 그 앞에는 행주들을 수납했는데요. 주방 일을 하다 보면 종류별로 행주가 3~4개는 필요하답니다. 우선, 식탁이나 싱크대 상판을 닦을 물행주, 남아 있는 물기를 닦을 마른 행주, 손 닦을 핸드 수건, 그릇 닦을 마른 수건입니다.

03 | 우선 개수대의 왼쪽 코너부터 살펴볼게요.

04 싱크대 중간 부분입니다. 물품들을 세트로 사면 조금 단조로운 느낌이 들고 조화롭게 만드는 재미는 덜하지만 대신 이렇게 통일감 있고 깔끔해 보인다는 장점이 있어요. 특히 오픈 수납을 할 때는 더욱 그렇습니다. 위쪽에는 이쑤시개나 면봉, 과일 포크 같은 작은 물건들을, 아래쪽에는 물비누와 세제를 두었습니다.

05 싱크대 오른쪽 부분이에요. 깔끔한 2단 선반 2개를 나란히 두고, 왼쪽에는 자주 사용하는 물컵과 소금, 후추통을 두었어요. 오른쪽 위 칸에는 커피, 설탕, 프림을 아래 칸에는 고추가루, 깨소금, 선식을 수납했습니다. 가장 자주 사용하기에, 바로 손이 닿는 곳에 둔 것이죠.

06 | 제가 10년이 넘는 세월 동안 몇 번의 소스병을 교체했는데, 가장 마음에 드는 소스병입니다. 이 소스병은 유리로 되어 있는 데다, 뚜껑도 분리형이 아닌 일체형이어서 환경호르몬과 먼지 걱정을 동시에 덜 수 있게 되었어요.
소스병 아래에 투명 트레이에 한꺼번에 담아 수납과 인출을 편리하게 했습니다.

소스는 원래 제품통에 그대로 두고 사용하는 것이 가장 좋기는 하지만, 자주 쓰는 소스들을 편리하게 사용하기 위해서는 덜어서 손에 닿는 곳에 두고 쓰는 것도 한 방법이에요. 소스병은 꼭 이름표를 붙여 두어야만 헷갈리지 않겠죠?

07 | 오른쪽 끝 수납 박스 중 위쪽은 칸막이가 있어 가위, 젓가락, 조리용 스푼, 채칼, 집게 등 매일 사용하는 조리도구들을 편리하게 수납했어요.

아래쪽 서랍에는 집게나 티백 등을 수납했어요.

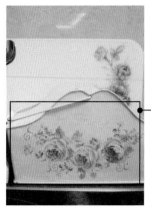

08 | 아래쪽 철제박스는 우유
팩, 요구르트병, 플라스
틱 등 작은 재활용품을 모아두었
다가 한꺼번에 재활용바구니로
옮겨 담는 박스입니다.

주방장갑은 뜨거운 요리를 옮길
때 꼭 필요한데, 보이지 않는 서
랍에 두면 바로 찾을 수 없고 걸
어두면 지저분해 보입니다. 그래
서 철제 박스 뒤쪽 틈새에 보관하
면 바로바로 찾을 수 있고 평소에
는 보이지 않기 때문에 깔끔하게
수납할 수 있습니다.

주방용품 구입 노하우

아가씨 때는 옷이나 화장품에 매료되는 반면, 주부가 되면 마음을
빼앗기는 것이 주방용품이나 그릇들이에요.

저 역시 신혼 시절에는 예쁜 그릇 세트만 보면 정신이 혼미해져
'지름신'을 영접할 때가 부지기수였네요. 하지만, 요즘처럼 가족
수가 적고 기념일을 밖에서 해결할 때가 많은 시대에는 그릇 세
트는 장식용으로, 눈요깃 감으로 전락할 때가 많아요. 물론 요리
를 아주 좋아하는 주부들이나 요리를 전문으로 하는 블로거는 다
르겠지만, 보통의 주부들은 그러하다는 말이지요.

그래서 주방용품이나 그릇 세트는 고심해서 꼭 필요한 것만 사야
합니다. 그리고 되도록이면 세트로 다 구입하지 말고, 정말 사고
싶은 것을 단품으로 사는 것이 좋습니다. 그렇지 않으면 어느새
주방은 그릇들로 꽉 차서 머리에 이고 살아야 될지도 모른답니다.

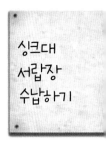

01 │ 자, 이제 본격적으로 상부장을 살펴볼게요. 보이지 않는 곳일
수록 더욱 깔끔하고 보기 좋게 수납해야만 진정한 수납이라고
할 수 있어요. 문을 열면 그릇들이 와르르 쏟아질 것 같은 주방은 여러
분도 원치 않겠죠?

❶ 손이 가장 닿기 쉬운 아래칸에
는 자주 사용하는 접시들을 수납
했어요. 이렇게 접시 꽂이에 두면
생채기도 안나고 칸막이로 분리
되어 있어 필요한 접시만 꺼낼 수
있으며 보기에도 깔끔해서 참 좋
아요.

❷ 가로로 쌓아두어야 한다면 한
꺼번에 들어내야 하는 양식 그릇
들을 선택하세요. 스프 그릇, 스
테이크 접시, 빵 접시 등 필요한
때에 한꺼번에 꺼낼 수 있어 편리
합니다.

❸ 가로수납을 할 경우에도, 선반
으로 칸칸이 분리하는 것이 좋아
요.

02 | 커피잔 꽂이를 사용하면 많은 양의 잔이나 컵들을 한꺼번에 수납할 수 있고 흐트러지지 않아 참 편리해요.

03 | 뒤쪽에는 자주 사용하지 않는 용품들을, 앞쪽에는 자주 사용하는 용품들을 바구니에 넣어 한 번에 꺼낼 수 있도록 정리하면 편리합니다.

행주들을 소독하여 분류별로 두었어요. 물론, 가로로 쌓는 것보다 이렇게 세로로 수납해야 사용하는 데 편리하답니다. 오른쪽 위 핑크색 프릴이 보이는 것은 앞치마랍니다.

04 | 아래쪽 서랍에는 전골그릇이나 법랑 냄비 등을 수납했어요. 여기에서 중요한 것은 뚜껑을 거꾸로 닫아야 다음 그릇들을 쌓을 수 있다는 것입니다.

05 | 하부장의 윗칸 서랍에는 매일 사용하는 밥·국그릇, 접시, 종지, 냄비 받침 등을 수납했어요. 허리를 굽히거나, 팔을 들어 올리거나 할 필요가 없어 편리하죠.

06 | 스푼, 포크, 나이프세트는 이렇게 칸막이 수납함에 가지런히 수납했어요. 한눈에 보기 좋게 들어오고, 서로 섞이지 않아서 참 편리합니다.

07 | 왼쪽 하부장 아래칸 서랍에는 손님이 오실 때를 대비해서 머그컵을 정리해두었답니다. 칸막이를 설치해서 수납했고 오른쪽에는 지퍼백이나, 랩, 위생 장갑, 여분의 고무장갑을 두었습니다.

하부장 문 안쪽에는 되도록이면 가벼운 고무장갑 정도만 걸어두세요. 여러 개의 조리도구들을 걸어두거나 하면, 문 열 때마다 철커덩거리는 소리도 나고 떨어지는 조리도구들을 줍느라 신경 쓰일지도 모르니까요. 또 밸브가 있는 안쪽까지 사용하겠다고 그 안까지 무언가를 걸어두거나 수납하면 몸과 허리를 쑤욱 넣어야 하는 불편함이 있어요.

08 | 하부장 중간부분입니다. 왼쪽에는 가끔 필요한 조리 도구들을 예쁜 수납함에 두었어요. 수납함 안에는 페트병을 몇 개 넣어 칸막이 역할을 할 수 있도록 했답니다. 오른쪽에는 세정제, 주방세제, 베이킹 소다, 유리세정제 등 필요할 때 바로 찾아 써야 하는 제품들을 알맞은 사이즈의 수납 박스에 두었고요. 문에는 사용하고 잘 말린 고무장갑을 부착한 행거에 걸어두었답니다.

박스나 바구니는 한꺼번에 꺼내기 쉽도록 해야 합니다. 즉, 하나의 큰 틀안에 작은 칸막이로 분류해주는 것입니다. 주방수납뿐만 아니라 모든 수납에 있어 기본이니, 꼭 기억하세요.

소스 코너가 싱크대에 없는 분들은 예쁜 바구니나 시트지로 박스를 리폼하세요. 박스 안에 신문지를 깔거나, 아니면 종이컵(또는 작은 페트병을 중간 정도만 자른 것)을 박스사이즈에 맞추어 여러 개 넣어두세요. 그 종이컵 안에 소스병을 쑤욱 넣어두면 칸막이 역할도 하고, 밑에 흐르는 소스찌꺼기들을 방지할 수 있어 참 좋아요.

09 만약, 그래도 남은 데드 스페이스를 사용하고 싶다면, 이렇게 가벼운 비디오케이스를 리폼해서 일회용장갑, 수세미, 지퍼백 등을 넣어 두는 것도 하나의 방법입니다. 아니면, 사이즈별로 비닐봉지를 넣어두는 것도 좋아요. 비디오케이스와 리본, 행거만 있으면 완성할 수 있으니 손품도 별로 들지 않죠.

10 도마와 칼을 수납하는 곳이에요.

11 맨 오른쪽 하부장에는 프라이팬을 수납했습니다.

12 오른쪽 하부장 소스 코너에는 여러 가지 소스들을 수납했어요.

01 | 주방 도구들을 설거지하 다 보면 철 수세미가 필 요할 때가 많은데, 그릇을 닦는 깨끗한 용도와 다른 지저분한 곳 을 닦는 용도로 두 개가 필요합 니다.

02 | 우선, 딸기나 방울 토마 토 같은 과일 팩에다가 두 개의 철수세미를 넣습니다.

그릇세척

03 | 그리고, 그릇 세척용은 이렇게 페트병을 잘라서 칸막이를 만들 어 서로 오염되지 않게 합니다.

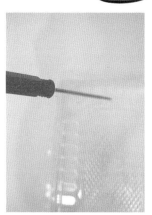

04 | 뒤쪽에는 송곳으로 구멍 을 뚫어줍니다.

05 마지막으로 하부장 안쪽에 미니 행거를 달아준 후 뚫린 구멍으로 쏘옥 걸어줍니다. 찾기도 쉽고, 한 번에 보관할 수 있고 데드 스페이스 활용도 되어 너무 좋았답니다.

06 주방에 티슈가 필요할 때가 있는데 면적이 커서 올려놓기가 쉽지 않습니다.
그래서 또 저만의 방법을 고안해냈는데, 아주 간단하답니다. 바로, 미니 행거와 옷핀을 활용한 방법인데요.

07 패브릭 티슈케이스에 옷핀을 달고, 옷핀의 구멍을 미니 행거에 끼워주기만 하면 된답니다.

01 │ 선반 수납함을 이용해서
2단으로 분리해 쌓아 수
납하면, 꺼내기도 쉽고 사용하는
데 편리합니다.

02 │ 프라이팬은 여러 가지 방법으로 수납할 수 있어요. 책꽂이 파
일을 이용할 수도 있고, 박스를 사선으로 잘라서 리폼하거나
마트에서 파는 정리대를 이용할 수도 있어요. 높이가 있는 수납함은 꺼
낼 때 불편해서 저는 조금 낮은 걸 이용했어요.

03 │ 머그컵은 바구니에 파티션을 만들어 넣어서 흐트러지지 않게
했어요. 바구니 하나만 들어내면 한꺼번에 꺼낼 수 있고 칸막
이가 있어 서로 흐트러지지도 않으니 참 편리해서 여러분들께도 강력
추천합니다. 2단으로 머그컵을 쌓을 경우, 얇은 한지나 에어캡 등으로
감싸면 더 안전하게 보관할 수 있답니다.

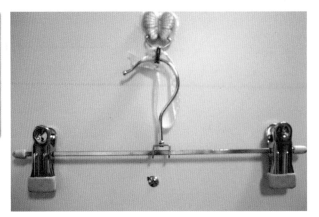

아주 작은 것 같지만 쓸모가 많은, 제가 고안해낸 '레시피 걸이'예요. 상부장 문 안쪽에 치마 걸이와 리본, 행거를 이용하여 감쪽같은 공간을 만들었어요. 평소에는 행거에 치마 걸이를 걸어두어 보이지 않게 수납했다가 필요할 때 리본을 늘어뜨린 후, 문을 닫고 레시피를 걸으면 됩니다. 떠 있기 때문에 공간도 차지하지 않고 눈높이에도 딱 맞아서 너무 편해요.

레시피 걸이에 조금 무게감이 있는 책을 끼우려면 좀 더 큰 행거를 달아 주세요. 행거 주위는 글루건으로 두껍게 한 번 더 발라주세요. 그리고 빵 끈보다는 좀 더 튼튼한 리본이나 줄로 달아주시고요.

음식물 쓰레기 줄이는 비법

음식물 쓰레기를 줄이기 위해서는 기본 원칙을 지키는 것이 중요합니다.

① 식단을 잘 짜서 재료가 남지 않게 요리하기
② 1+1 같은 유혹에 넘어가지 않기(주부가 되면 특히 특가 이벤트에 넘어가기 쉬운데, 싸다고 덜컥 가져와봤자, 오히려 처치만 곤란해질 수 있어요)
③ 어떤 재료가 냉장고에 있는지 체크해서 꼭 필요한 재료만 구입하기
④ 재료 손질해서 넣어두기

음식물을 버릴 때 음식물 쓰레기인지 아닌지 헷갈릴 때가 많은데요 가장 큰 기준은 '동물이 먹을 수 있는지, 없는지'에 달려있습니다.

음식물 쓰레기에 넣어서는 안 되는 물질

채소류	쪽파, 대파, 미나리 등의 뿌리 양파, 마늘, 생강, 옥수수, 고추씨, 고추대 등의 껍질
과일류	도토리, 코코넛, 호두, 밤, 땅콩, 파인애플 등의 딱딱한 껍데기. 감, 복숭아, 살구 등 핵과류의 씨
곡류	왕겨
육류	닭, 소, 돼지 등의 털 및 뼈다귀
어패류	전복, 꼬막, 멍게, 조개, 소라, 굴 등 패류 껍데기. 가재, 게 등 갑각류의 껍데기. 생선뼈
알껍질	메추리알, 타조알, 달걀, 오리알 등 껍데기
찌꺼기	한약재 찌꺼기, 녹차 등 각종 차 류의 찌꺼기
기 타	숟가락, 젓가락, 유리조각, 금속류, 비닐, 병뚜껑, 나무 이쑤시개, 종이, 포일, 일회용스푼, 플라스틱, 고무장갑, 쇠붙이

초보주부를 위한 수납의 마술

주방은 가족들이 매일 먹는 음식을 조리하고 조리한 음식을 예쁜 그릇에 담아 보관하는 장소입니다. 조리하는 공간이 지저분하다면 당연히 음식도 비위생적이기 쉽습니다. 이 소중한 공간을 깨끗이 정리하는 방법을 살펴보도록 하겠습니다.

BEFORE

온갖 먹을거리와 주방 살림살이로 어지럽혀진 광경입니다.

일목요연함 없이 주먹구구식으로 쌓아둔 모습이지요. 보기만 해도 정신이 어지러운 이 주방이 어떻게 바뀌는지 〈수납의 마술〉을 한번 부려볼까요?

01 살림살이들을 다 꺼내놓습니다. 그리고 컵은 컵 끼리, 접시는 접시끼리, 공기는 공기끼리 같은 종류로 묶어서 큰 바구니에 따로따로 분류합니다. 그리고 하나씩 정리하기 시작하는 것이지요.

02 페트병 두 개를 이어 붙이고, 리본을 묶어서 수저와 포크를 따로 담아두세요. 오른쪽처럼 페트병을 U자로 잘라내어 손잡이가 나오게 해 컵을 수납합니다.

03 접시 꽂이를 이용하여 보기 좋게 수납하세요.

04 달걀판으로 작고 사소한 여러 가지 물건들을 수납하세요.

05 바구니 안에 폼보드로 칸막이를 해주어 흐트러
   지지 않게 분류하세요.

06 자주 사용하는 접시들은 파일 꽂이를 이용해 세
   로로 분류해두세요.

07 휴지 케이스는 시트지와 리본을 이용해서, 레시
   피 수납함으로 재탄생시켰어요.

08 바구니에 같은 종류의 물건들을 분류한 후, 앞
   면에는 이름표를 붙혀두어 알아보기 쉽게 정리
   하세요.

자, 어떤가요?

처음의 그 주방이라고는 상상도 못할 정도로 깔끔해진 변화, 놀랍지 않나요?

수납에 따라 10평대도 20평처럼 쓸 수 있고, 40평도 30평처럼밖에 못 쓸 수 있답니다. 수납은 평수의 좁고 넓음이 중요한 것이 아니라 자신의 살림살이들을 어떻게 조절하느냐가 운용의 묘미랍니다.

이 집 주부님도 처음에는 집이 좁아서 수납을 잘 못하겠다고 힘들어 했지만 저와 함께 수납을 하고 난 후 그게 아니라는 걸 깨닫고 놀라워했습니다. 무조건, 채우는 것만이 능사가 아니라 잘 사고, 잘 버리고, 같은 것끼리 모으고, 이름표 붙이고, 큰 틀 안에 작은 칸막이로 분류하는 것. 이 원칙만 잘 지켜도 주부 스스로 놀라운 마법을 일으킬 수 있습니다.

냉장고 수납

시원시원, 식탁을 책임질
냉장고를 수납하자

주부의 살림 솜씨를 보려면 욕실과 냉장고 안을 보면 가장 먼저 알 수 있다는 말이 있지요. 진정한 태교는 임신 전부터 해야 한다는 말이 있듯 사실 냉장고 수납의 가장 기본은 디테일한 수납 방법보다도 먼저 '식단 짜기'에 있다고 할 수 있어요.

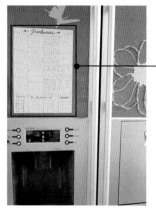

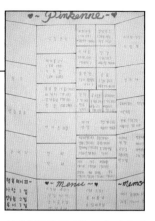

01 | 냉장고 문 앞에 자신만의 냉장고 도표를 작성해 놓으세요.

실제 위치와 똑같은 곳에 어떤 재료가 들어있는지, 언제 샀는지, 유효기간은 언제까지인지 한눈에 알아 볼 수 있도록 말이에요. 이 것 하나만 있으면, 냉장고 문을 열지 않고도 바로바로 체크할 수 있어요.

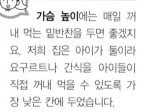

가슴 높이에는 매일 꺼내 먹는 밑반찬을 두면 좋겠지요. 저희 집은 아이가 둘이라 요구르트나 간식을 아이들이 직접 꺼내 먹을 수 있도록 가장 낮은 칸에 두었습니다.

02 | 바구니에 각각의 반찬이나 음식재료, 음료수들을 넣어두고 앞에는 반드시 이름표를 붙여두세요.

03 | 냉동실이라고 무조건 믿으면 안 돼요. 한 달 이상은 절대로 두지 마세요.

04 | 냉장고용 그릇을 사용할 때에는 유리 제품이나 친환경PP제품이 좋습니다. 다양한 사이즈의 사각 용기가 데드 스페이스 없이 수납하는 데 좋아요.

05 | 냉장고의 낮은 박스에는 이렇게 직접 칸막이를 만들어서 간식이 흐트러지지 않도록 정리해두었습니다. 칸막이는 필요할 때마다, 크기와 모습을 바꿀 수 있기 때문에 간식 종류가 바뀌어도 문제없답니다.

자기만의 레시피 만들기

제가 10년 동안 요리하면서 써놓은 레시피 노트들이 10권이 넘는데요. 그중에서 2권만 뽑아봤어요. 어른들에게서 배운 것, 책에서 간단하게 필요한 것만 메모한 것, 강좌에서 배운 것 등을 직접 손으로 써놓은 것들인데, 이렇게 해놓으면 무거운 요리책이 아니더라도 자신이 선호하는 음식들을 바로바로 찾을 수 있어 참 편합니다. 여러분들도, 한번 스크랩이나 레시피 노트들을 만들어보세요.

냉장고 문 앞에 있는 저만의 레시피예요.

"행복한 결혼 생활을 위한 레시피"

사랑 1컵, 성실함 2컵, 용서 3컵, 신뢰 4병, 웃음 1통.

이 레시피대로만 한다면, 아무리 음식 솜씨 없는 주부라 할지라도 가족들이 맛나게 먹어주지 않을까요?

06 | 야채와 반찬 박스에는 큰 박스 두 개를 양쪽에 두어 구역을 나누고, 박스 안에 다시 칸막이를 두어 재료들이 서로 흐트러지지 않도록 했습니다.

07 | 냉동실 칸에는 사이즈가 맞는 박스를 위쪽에 두면 이중으로 사용할 수 있어 좋답니다.

08 | 사이즈 맞는 바구니를 찾아서 이렇게 이중으로 쓰면 수납공간이 훨씬 늘어나서 편해요.

09 | 남은 재료가 있다면 썰어서 칸막이 박스에 넣어 냉동실에 보관하세요. 필요할 때마다 바로 꺼내 쓸 수 있어서 좋아요.

각종 식품 보관법

01 파 물이 묻으면 바로 물러지기 때문에 사오는 즉시 흰 부분과 푸른 부분으로 나누어 신문에 싸서 두면 오래 먹을 수 있어요. 손질해서 냉동실에 두기도 하지만, 아무래도 맛의 차이가 있어요. 냉동실에 둘 때도 파의 흰 부분과 푸른 부분을 따로 손질해서 보관하세요.

02 시금치 같은 잎채소 옆으로 뉘어두면 쉽게 산화되므로 스프레이로 물을 뿌린 후 세워두세요. 훨씬 싱싱하게 보관할 수 있어요.

03 두부 옆은 소금물에 담가 보관하는 것이 좋고요.

04 콩나물 공기에 접촉되는 즉시 누렇게 변색하기 때문에 물에 담가 보관하면 좋아요. PT병 윗부분과 비닐을 이용하면 간단하게 임시 보관 주머니를 만들 수 있어요.

05 양파 망에 담아서 서늘한 바깥에 저장하는 것이 좋지만 장마철일 경우 오히려 습한 공기 때문에 더 안 좋아지져 이때는 물에 씻어서 (김치)냉장고에 보관하면 아삭한 맛을 즐기실 수 있어요. 반찬 재료들은 가로로 눕혀서 쌓아두기보다는 세로로 보관하면 수납에도 편리하고 찾는 데도 용이하답니다.

06 과일 냉장고에 오래둘수록 비타민 손실이 커지므로 조금씩 자주 구입하는 것이 좋아요.
- 파인애플은 플라스틱보다는 유리병에 보관하면 좋고요.
- 사과는 에틸렌이라는 호르몬 때문에 다른 과일들과 섞어서 보관하면 안 됩니다.
- 토마토는 저장 기간이 짧기 때문에 빠른 시간 내에 먹는 게 좋아요.

파티션이 있는 수납 도구를 사용하면 편리합니다. 지퍼락이나 수납 박스는 냉장실용과 냉동실용이 따로 있으니 반드시 확인 후 구입하시는 것 잊지 마세요.

닭 가슴살 냉장실에 둘 때는 겉에 식용유를 살짝 발라서 랩에 싸두면 되지만 가장 부패가 빨리 시작되는 고기이니, 사온 그날 바로 먹는 게 좋아요. 냉동시킬 경우는 표면에 살짝 소금을 뿌린 후 맛술에 담갔다가 수납하면 됩니다.

생선 사온 즉시, 씻어서 배를 가르고 내장을 제거한 후 냉동용 지퍼락에 따로따로 보관하세요.

공간을 두 배로 활용하는
마법의 수납(냉장고 편)

냉장고 내부도 어떻게 수납하느냐에 따라 달라질 수 있어요. 다음은 어떤 주부 님의 냉장고 내부를 촬영한 모습이에요. BEFORE & AFTER로 비교해보면 수 납이 얼마나 중요한지 알게 될 거에요.

BEFORE

01 냉장고 문 앞이 여러 전단지나 레시피들로 어지럽네요. 냉장고 문 앞에는 냉장고 도표 외에는 아무것도 붙이지 않는 것이 좋아요. 필요한 메모나 레시피들은 냉장고 문 옆쪽 에 보이지 않도록 깔끔하게 부착하세요.

02 나름대로 반찬을 사각통에 넣어 정리하였습니다. 하지만, 내용물을 알 수 없는 비닐봉 지와 겹겹이 가로로 쌓여 있는 재료들은 꺼내기 불편해보입니다.

03 역시나 재료들이 가로로 뒤엉켜 있고 비닐봉지에 무엇이 들어 있는지 알 수 없는 상황 이네요. 특히나 재료들은 마트나 시장에서 사온 일회용품들에 그대로 넣어두지 말고 그릇에 따로 보관하세요. 일회용품은 말 그대로 일회만 쓸 수 있도록 만든 것들이라 그대로 오래 사용하면 세균이 금방 번식해버립니다.

04 언제 구입한 건지 기록해두지 않있습니다. 마요네즈는 심지어 2년이 지난 것이었고요.

01 다른 부착물들은 보이지 않게 냉장고 문 옆쪽에 붙여 놓고, 문 앞에는 냉장고 도표를 만들어 부착하세요. 냉장고 문을 열었을 때 똑같은 구조에 어떤 재료가 들었는지, 유통기간은 언제까지인지, 언제 샀는지 등을 기록해두었습니다. 연필로 써서 내용물이 바뀔 때에는 지우고 다시 쓸 수 있어요. 깔끔한 화이트보드를 이용하는 것도 좋습니다.

02 주부님이 직접 저녁 식단을 짜서 이렇게 화이트보드에 기록해두었습니다. 일주일치 식단을 미리 연구해서 기록해두면 매일 '오늘은 뭘 먹지?' 하는 고민에서도 벗어날 수 있고 재료구입에도 도움이 된답니다.

03 냉장고 내용물들을 다 꺼낸 후, 오래 되거나 먹을 수 없는 것들은 다 정리하세요. 반찬은 반찬끼리, 과일은 과일끼리, 소스는 소스끼리 분류하세요. 그리고 바구니에 넣고, 이름표를 붙이면 됩니다.

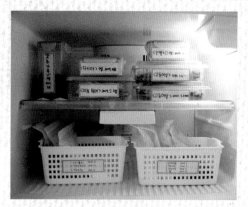

04 냉동용 그릇에 재료들을 다시 손질해서 넣고, 냉동 지퍼백에 여러 가지 음식 재료들을 비슷한 것끼리 바구니에 넣으세요. 지퍼백 앞에도 재료명과 유통기한을 써두어 바로 알아볼 수 있도록 하시고요.

05 통일된 하얀 바구니에 넣으니 보기에도 훨씬 깔끔하고 꺼내기도 쉬워보이죠?

06 도어칸도 음료는 음료끼리, 소스는 소스끼리 모으고 작은 소스들은 바구니에 넣어두니 수납이 훨씬 쉬워졌습니다.

07 야채실이나 과일 저장고의 채소도 가로로 쌓아 두지 말고, 이렇게 세로로 보관하면 꺼내기도 쉽고 알아보기도 쉽겠지요? 냉장실 지퍼백은 수납 공간을 넓혀주는 일등공신입니다.

Before

After

09

욕실수납

반듯반듯, 릴렉스한 공간
욕실을 수납하자

현대인에게 있어 욕실은 단순히 볼일을 보는 1차적인 기능을 떠나, 반신욕을 즐기는 릴렉스한 공간, 여성들에겐 머리를 감고 화장을 지우는 메이크업 공간, 아이들에겐 물놀이를 즐기는 작은 놀이 공간이기도 합니다. 이런 소중한 공간이 항상 습기차고 정리되어 있지 않으면 기분 좋은 시간을 즐길 수 없겠지요? 조금의 관심과 부지런함으로 여러분의 욕실을 가장 아름다운 '공간'으로 만들어볼까요?

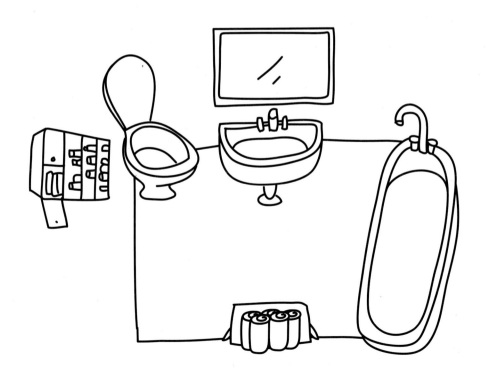

01 │ 변기 위 벽면 쪽 모습이에요. 왼쪽 상자에는 변기를 닦는 항균
물티슈, 오른쪽 상자에는 반신욕 할 때 듣는 편안한 음악테이
프를 보관해두었습니다. 가운데 미니 프로방스 창문에는 클렌징이나
면봉, 치실 등을 한곳에 모아두었습니다.

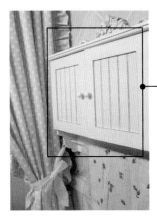

목욕용품은 왼쪽 바구니에 모아
두었어요. 가운데 종이박스에는
목욕 수건과 스펀지 등을 보이지
않게 수납했고요. 오른쪽에는 욕
실 세제를 두었습니다.

02 │ 수건걸이와 수납기능이
함께 되어 있는 수납장이
에요. 한번 열어볼까요?

03 │ 세면대에는 필요한 최소
한의 물건들인 물 컵, 비
누, 치약, 물비누만 두었어요.

04 | 욕실 청소에 필요한 브러
시, 세탁비누, 고무장갑
등은 바구니에 넣어서 이렇게 변
기 뒤 아래 공간에 보이지 않게
수납했어요.

05 | 칫솔 살균기와 휴지는 벽에 걸었어요.

❶ 위쪽의 수납함에는 자주 사용하는 향수를 오픈 수납 했어요.

❷ 왼쪽 작은 서랍에는 여유분의 칫솔과 치약을 구비해 두었어요.

욕실 앞쪽 공간 활용

01 │ 벽면 공간이 협소하기 때문에 미니 사이즈의 수납함과 선반만으로 수납을 해결했어요. 3단 수납함에 개인적으로 따로 바구니를 마련해서 넣은 겁니다.

❸ 오른쪽 문 안쪽에는 욕실에서 휴지가 떨어지면 바로 교체할 수 있도록 항상 여유분의 휴지를 두고 있어요. 위쪽 종이상자에는 치실, 면도기, 목욕 수건 등 작은 목욕용품들을 수납해두었습니다.

❹ 위쪽 선반 바구니에는 자주 사용하는 수건과 빗, 목욕 로션 등을 수납했어요.

사진에서 보이다시피, 바구니 안에 작은 바구니, 작은 바구니 안에 또 더 작은 수납통을 두어 물건들이 흐트러지지 않게 파티션 역할을 하게 했습니다. 아래쪽 선반 바구니에는 대형 목욕 수건을 두어 목욕하고 나오면 바로 사용할 수 있도록 했고요.

수납공간이 약간 부족해 욕실 바로 앞의 작은 벽면에 욕실에 필요한 용품들을 수납했어요. 만약, 그 공간 자체 내에 수납공간이 부족하다면 약간만 공간을 재해석 해서 가장 가까운 동선 내에 수납하는 것도 방법이에요.

또다른 욕실수납법

아마도, 제가 보여드린 욕실은 제 스타일대로 리모델링한 것이기 때문에 여러분의 욕실과는 차이가 있을지도 모르겠어요. 그래서 예전에 살았던 집 욕실은 어떻게 수납했었는지 보여 드립니다.

01 사각 모양 욕조는 물건들을 얹어 놓을 수 있는 공간도 제법 있는 편이지요? 그래서 저는 이렇게 물빠짐이 있는 예쁜 2단 수납함을 두어 목욕용품을 한번에 수납했어요. 물빠짐이 있어 물을 항상 사용하는 욕실에는 안성맞춤인데다가 2단으로 되어있으니 많은 물건들을 수납할 수 있고 미니 사이즈라 공간도 많이 차지하지 않아요. 또 그 자체로 화이트의 예쁜 수납함이라 깔끔하게 보이기도 한답니다.

02 아이가 둘인 저는 아이용품과 물놀이 장난감들을 수납해야 했는데 밖으로 나와 보이면 그렇게 지저분할 수가 없어요. 그래서 예쁜 플라스틱 수납장을 하나 더 마련해서 바닥에 두었답니다.

03 문을 열어 보면 이렇게 아이들 비눗방울, 물놀이 장난감, 아이들 전용 세정제를 깔끔하게 수납했어요.

04 네모난 큰 거울에 상큼한 노란 시트지를 붙이고 예쁜 거울을 달아 변신시켜보세요. 사진 보시는 분들이 어디서 인테리어했냐고 많이들 여쭈어보기도 하셨더랬어요.

05 요즘 아파트는 욕실수납장이 훨씬 수납하기 편하게 시스템화되어 나오더라고요. 드라이어나 면도기를 사용할 수 있도록 수납함 안에 콘센트도 되어 있고, 바가 설치되어 있어 물건들이 앞으로 쏟아지지 않도록 보호도 되고, 하지만 꼭 그렇게 되어 있지 않더라도 바구니와 상자만 잘 이용해도 깔끔하게 수납할 수 있어요.

맨 위쪽에는 칫솔, 치약 등의 상비용품들을, 중간에는 욕실세정제와 반신욕 할 때 듣는 음악 테이프를, 아래쪽에는 가장 자주 사용하는 수건과 클렌징 제품, 헤어용품이나 면도기 등을 두었어요.

대부분 아파트 침실에 딸린 보조 욕실장은 비슷하게 생겼습니다.

❶ 위쪽 선반에는 자주 사용하지 않는 여러 가지 목욕용품들을 정리해두었습니다.

❷ 가장 사용이 빈번한 욕실 세제나 샴푸 등은 옆쪽이 보이도록 수납했습니다. 칫솔이나 치약, 방향제, 면봉 등은 미니 칸막이 수납함에 보관해서 정돈했습니다.

❸ 오른쪽 철망 선반 맨 왼쪽에는 욕실 청소 후 바로 습기 제거를 할 수건을 따로 마련해두었고 비누와 마사지 팩 등을 손 닿기 쉽게 두었습니다.

01 욕실 청소에 필요한 여러 가지 브러쉬나 수세미 등은 걸어서 건조시키는 것이 좋습니다. 먼저 흡착식 걸이를 사용할 곳의 먼지와 오염을 제거합니다.

02 만약 타일이 아닌 곳에 달 경우에는 이렇게 흡착 보조판을 사용합니다.

03 그리고 너트의 중심부를 강하게 눌러 공기를 빼준 다음, 볼트를 돌려 조여줍니다.

04 흡착식이라 타일에 단단히 고정되기 때문에 가벼운 욕실 청소 제품 정도는 보기 좋게 수납할 수가 있답니다.

01 | 페트병을 일자로 그냥 자르기만 하세요.

02 | 그러면, 이런 모양이 나오겠지요.

03 | 옆쪽은 이렇게 수건을 끼울 수 있도록 잘라주면 됩니다.

04 | 수건을 돌돌 말아서 페트병 수건 홀더에 끼워놓기만 하면 됩니다. 취향에 따라 예쁜 코사지나 리본을 앞에 붙이셔도 좋습니다.

05 | 평소에는 여러분의 수납장에 이렇게 세워두고 꺼내 쓰기도 편하게 사용하세요.

10

향긋향긋, 냄새 없이
신발장을 수납하자

신발장 안은 신발 아래에 신문지를 깔아두거나 제습제를 두어 습기를
제거하시는 것이 좋고요. 비에 젖은 신발은 반드시 바로바로 흙이나 이
물질을 털어내고 햇볕에 말려야 합니다. 제철 신발이나 자주 신는 신발
은 항상 가장 꺼내기 쉬운 가슴 높이 정도에 정리하고 제철 신발이 아닌
것은 위쪽이나 아래쪽 공간에 수납하는 것이 좋아요.

상자 안에 신발을 넣고
어떤 신발이 들어 있는지 이름
표를 붙이거나 사진을 붙여 놓
는 방법, 페트병을 이용해서
신발을 한 짝씩 넣는 방법 등
도 있는데 통기성 문제라든지,
자주 사용하지 않게 된다든지,
보기에 깔끔하지 않다든지 하
는 단점이 있으니 잘 생각해보
고 활용하세요.

01 수건걸이를 문에다 달아서 수납하는 방법이 있어요. 하지만,
굽 높이가 높거나 남자 신발일 경우 신발장 안의 신발과 맞닿
아서 문이 닫히지가 않아요. 그렇다고 전혀 굽이 없는 것은 아래로 떨
어져 버리니 굽 높이가 2~3cm 되는 것이 적당합니다.

02 만약 기성품으로 나오는 선반이 자신의 신발장 규격에 맞지 않는다면 하드보드지와 폼보드를 이용해서 직접 만들어 보세요. 하드보드지는 사진에서 보는 것처럼 ㄷ자형으로 접고, 폼보드는 10mm 두께를 구입해서, 가운데 지지대로 사용하면 됩니다. 아래쪽은 굽 높이가 있는 것, 위쪽은 굽 높이가 낮은 것을 수납하면 신발을 꺼낼 때 편합니다.

03 슈즈랙을 사용하면 훨씬 많은 양의 신발을 수납할 수 있으니 적극 활용하시기 바랍니다. 사이즈와 디자인도 다양하게 나와 있답니다.

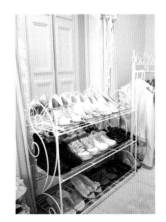

미니
신발장
활용하기

01 우리 가족 네 명의 신발만 모아놓아도 많은데요. 매일 신는 것들은 신발장보다는 밖에 나와 있는 것이 편해서 미니 신발장을 설치했습니다.

02 모든 수납의 기본이지만, 제일 잘 보이는 곳에는 가장 많이 사용하는 것, 그리고 가장 예쁜 것을 두는 것이 좋습니다. 맨 위 칸에는 제가 제일 아껴 신고 자주 신는 구두들을 두었습니다. 두 번째 칸에는 가족들의 운동화를 순서대로 두었고, 마지막 칸에는 밖에 잠시 나갈 때 신을 슬리퍼를 순서대로 두었습니다.

03 | 구둣주걱을 위에 두어 사
용하기 편하도록 했고요.

04 | 그리고 외출할 때 바로
입을 자켓이나, 아이들
학원 가방을 S자 고리에 걸어두
었습니다.

05 | 미니 행거의 아래쪽에는 이렇게 바구니 안에다 가족들의 선캡
과 축구공을 두어서 놀이터에 바로 나갈 수 있습니다. 겨울에
는 선캡대신 목도리나 장갑을 놔두면 편리합니다.

11

단정단정, 베란다를
창고로 만들지 말자

'진짜 멋쟁이는 속옷을 챙겨 입는다'라는 말처럼 인테리어나 수납 역시 마찬가지라고 생각해요. 보이는 곳만 깔끔하게 정리하는 것이 아니라 보이지 않는 곳일수록 더 신경 써서 수납해야 집 안이 쾌적하답니다. 그래서, 저는 집안의 온갖 살림살이가 모여 있기 마련인 베란다를 더 정성을 들여 정리합니다.

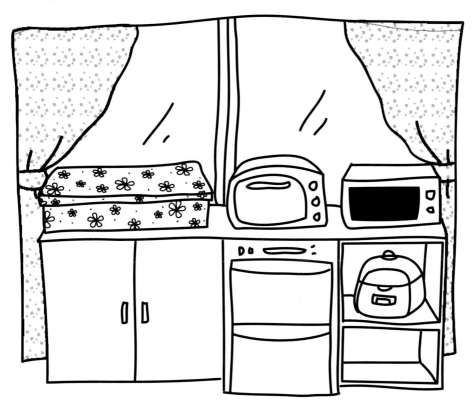

01 | 덩치가 큰 가전제품들은 보조 베란다 쪽으로 수납했어요. 가전 제품이 주방에 있으면 동선이 편리하지만 수납 공간이 부족하고 지저분해 보이죠. 가전제품이 보조 베란다 쪽에 있으면 동선이 약간 불편한 대신, 주방의 수납 공간이 넓어진다는 장점이 있습니다.

02 | 상판에는 뚜껑이 있는 예쁜 종이상자를 두었는데요. 뚜껑이 있으면 일단 먼지가 들어가지 않아서 좋고, 내용물이 보이지 않으니 깔끔해 보여서 좋아요. 꼭 기성 바구니가 아니더라도, 튼튼한 택배박스 등에 시트지를 붙여 사용해도 무관합니다.

03 | 안쪽에는 바구니로 칸을 나누고, 실온에 두어도 괜찮은 통조림이나 간식류, 티백 등을 보관했어요.

04 원래 달려 있던 벽걸이형 수납장입니다. 아래쪽에는 가장 자주
사용하는 세제, 비누, 울샴푸 등 각종 생활용품들을 종류별로
모아서 한 바구니에 담았어요. 위쪽 선반에는 덜 사용하게 되는 키친타
월이나 생활용품들을 라탄 바구니나 상자에 담아 보관했습니다.

베란다 수납원칙

물건을 수납할 때 비슷한 물건끼리 분류하기, 한 바구니에 담아두
기, 자주 사용하는 것은 아래쪽에 두기, 상자 바구니나 시트지는
같은 모양과 색깔로 통일하기, 이름표 붙이기만 지켜주어도 여러
분들의 베란다는 '깔끔' 그 자체가 될 거예요.

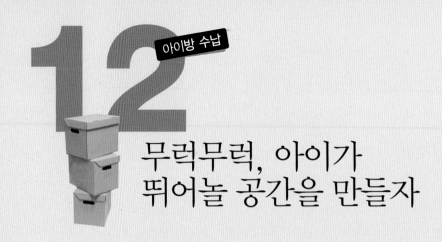

12

무럭무럭, 아이가
뛰어놀 공간을 만들자

아이 방 수납도 그 연령에 따라 각기 다른데, 우선 아이가 태어나면 거실은 온통 아이들 물건으로 가득하게 돼요. 아이가 태어나서 1~3년 동안 많이 사용하는 기저귀, 분유통, 아이 옷, 아이 장난감 등은 수납 원칙을 고려해서 수납하세요. 그리고 아이가 4~5살이 되기 시작하면, 거실에는 아이들 물건들이 보이지 않게 수납하는 게 좋을 듯합니다.

01 | 아이들이 자주 갖고 노는 인형들을 서랍 한곳에 모아두면 겉으로 보이지 않아 깔끔하고, 아이들 스스로 수납하기도 좋습니다.

02 | 거실 티 테이블 서랍에 아이들이 항상 쓰는 필기구와 문구류를 수납했어요. 물론 파티션이 있는 수납도구를 사용했고요.

03 | 예쁜 라탄 박스 두개에 나눠서 테이블 아래에 항상 읽는 책들과 스케치북 등을 수납했어요. 언제든지 아이들이 책을 읽을 수 있게 말이죠.

04 | 아이들이 자주 사용하고 좋아하는 장난감이나 물건들은 아이들 키에 닿기 쉽게 수납하세요. 가끔 사용하는 물건들은 장난감 바구니에 담아서 위쪽에 두시고요.

05 | 아이 책상 밑 데드 스페이스에 아이 발이 닿지 않는 범위 내에서 미니 수납장을 두는 것도 좋아요.

쇼핑백 안에 물건을 보관할 때 장난감 차는 장난감차끼리, 인형은 인형끼리, 로봇은 로봇끼리 서로서로 비슷한 물건들끼리 담아 두어야 해요.

06 | 크기가 작고 자주 사용하는 장난감이나 물건들을 쇼핑백에 담아서 보관해두면 아이들이 꺼내기도 쉽고, 쇼핑백 자체가 칸막이 역할을 해서 흐트러지지도 않아요.

07 | 퍼즐조각은 하나만 잃어버려도 만들기 어려우니, 지퍼백에 담아서 이름표를 붙여 두고 한 바구니 안에 두면 사용하기 편합니다.

자녀와 함께 즐겁게 청소하는 법

수납보다 더 중요한 일이 있는데, 그건 바로 아이들과 함께 정리하는 것이지요.
제가 우리 아이들과 정리한 방법들을 공개하겠습니다.

1) 아기일 때는 엄마가 정리하는 모습을 자연스럽게 보여줍니다.

2) 3~4살이 되면 "누가 빨리 정리하는지 내기 할까?" 또는 "정리를 하자, 정리를 하자~" 노래 부르
며 함께합니다.

3) 5~6살이 되면 "노는 건 좋지만, 한 번에 한 가지씩만 갖고 놀고 제자리에 정리해 두어야 해"라는
규칙을 정해둡니다.

일관성 있게 아이들이 규칙을 지킬 때까지 지켜봐주고, 잘하면 아낌없이 칭찬과 격려로 북돋아 줍
니다. 이런 식으로 단계별로 아이들과 정리해야만 엄마 혼자서 치우느라 고생하지도 않고, 아이들
을 꾸짖는 일도 없어집니다.

그리고 제가 아이들과 빨래하면서 정리하는 놀이를 알려 드리자면요,

1) 수건을 양쪽에서 둘이서 개면서 "수건, 뽀뽀 쪽"하며 똑같이 갭니다 – 대칭의 의미를 가르쳐줄 수
있어요.

2) 개면서 아빠 옷, 엄마 옷, 아이 옷, 수건 등을 따로 갭니다 – 분류의 의미를 가르쳐줄 수 있어요.

3) 각 옷장마다 정리할 때 윗옷, 바지, 속옷, 양말 등의 위치에 넣게 합니다 – 스스로 정리하는 습관
을 키워줄 수 있어요.

그리고 대청소 할 때나 DIY할 때도 아이들과 함께하면 청소하는 즐거움과 물건을 소중히 하는
습관을 기를 수 있어요. 이때 중요한 건 반드시 놀이하듯 즐겁게 해야 한다는 것(다그치듯 하면
안 하느니만 못합니다)과 아이가 4~5살은 되어야 한다는 것입니다.

그리고 항상 엄마가 먼저 모범을 보여야 한다는 건 다들 아시겠죠?

수납은 강박적으로 자신이나 남들에게 깨끗하게 보이게 하기 위해서가 아니라 좀 더 편하
고 단시간에 체계적인 살림살이를 하기 위해서, 여러분들 자신에게 더 소중한 시간을 선
물해주시기 위해서라는 걸 명심하십시오.

13

수납 도구

아기자기, 수납에 필요한
도구들을 살펴보자

공간을 활용하는 데 수납 도구는 정말 유용하게 쓰이는 용품이에요. 수
납 도구만 잘 활용해도 수납 공간을 2~3배로 늘릴 수 있으며, 특별한
정성을 안 들여도 물건을 깔끔히 정리할 수 있답니다. 그럼 이제는 수납
에 꼭 필요한 여러 가지 도구에 대해 알아보기로 해요.

01 | 크기별로 바구니가 있으면 좋아요. 라탄 바구니나 플라스틱 바
구니도 좋아요. 손잡이가 있는 것이 편하고, 구멍 뚫린 수납용
바구니가 통풍이 잘돼서 좋습니다. 옷을 수납하거나, 한꺼번에 물건을
옮길 때, 주방용품 보관 등에 활용할 수 있어요.

02 | 집에서 많이 쓰는 밀폐
용기예요. 음식 보관뿐만
아니라 작은 생활용품, 수첩, 종
이류 등 활용 지수는 다방면으로
높습니다.

03 | 칸막이에요. 천원샵 코너
에 가면 사이즈별로 있으
며, 서랍의 흐트러지기 쉬운 물품
들도 이 칸막이만 있으면 정리됩
니다. 무척 활용도가 높은 제품이
에요.

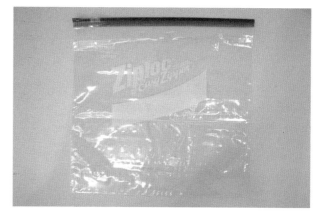

04 | 지퍼백은 냉장 보관뿐만 아니라 수납에도 활용할 수 있어요.
액세서리류와 보석들, 아이의 퍼즐 조각 같은 것을 일목요연하
게 정리할 수 있어요.

05 | 타포린백은 물건을 버리
거나 처분할 때도, 부피
가 큰 재활용품 버릴 때도, 장보
러 갈 때도 도움이 많이 되는 가
방이에요.

06 | 종이 박스는 뚜껑이 있는
것, 손잡이가 있는 것, 깔
끔한 단색으로 된 것, 예쁜 패턴
이 있는 것 등 여러 가지 제품이
있으니, 여러분들의 취향과 필요
에 따라 구입하세요.

07 | 칸막이가 있는 수납 바구
니는 속옷이나, 문구류
등을 수납할 때 좋아요.

08 │ 흔히들 약장이라고 하는 수납함도 필요한 물건들을 바로 찾아 쓸 수 있어 활용도가 높아요. 헤어핀, 브로치, 액세서리 등 한곳에 모아두면 작은 물건들을 수납하는 데 좋습니다.

09 │ 쇼핑백은 사진처럼 쇼핑백 안에 비슷한 사이즈끼리 따로 모아서 가방 안에 가방이 들어가는 식으로 수납하면 필요할 때 쉽게 빼내 쓸 수 있어요.

수납용품

간단간단,
수납용품을 리폼해보자

구입해 쓰는 것도 좋지만, 자신만의 방법으로 리폼하는 것도 살림의 또
다른 재미라고 할 수 있지요. 저 역시 한창 리폼과 DIY, 집 꾸미기에 온
통 정신이 쏠려 있을 때 '오늘은 무얼 만들어볼까?' 하는 생각만으로도
즐거웠답니다. 처음부터 너무 큰 것에 도전하면 금방 지쳐버릴 수도 있
으니 작은 것부터 차근차근 만들어 보아요.

01 크기별로 다른 여러 가지 박스, 가위, 칼, 플라스틱 통, 캔 통,
풀, 시트지, 포장지 등을 준비하세요.

박스로 만든
수납정리함

02 가장 큰 박스 안에 다양
한 크기의 박스를 넣어서
공간구획을 하세요.

03 | 남는 공간에는 작은 박스를 넣어도 좋고, 없다면 그대로 두어
도 좋아요. 남는 공간에는 그 크기에 맞는 물건들을 넣으면 되
니까요.

04 | 가장 큰 박스에, 시접 부분을 남겨두고 둘레를 빙 둘러 붙입니
다. 시트지의 이면지는 한 번에 뜯지 말고, 조금씩 조금씩 뜯어
서 공기가 들어가지 않게 부착하세요.

05 | 4번의 시접 부분 모서리
에 가위집을 내어 사진과
같이 안으로 깔끔하게 넣어 부착
하세요.

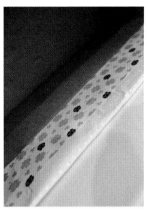

박스와 시트지만으로도 얼마든지 간단하게 최소한의 시간, 노력, 재료로 예쁘고 실용성 높은 수납 박스를 만들 수 있어요.

06 | 작은 박스도 시트지를 붙이거나, 포장지를 풀로 붙이세요.

07 | 안으로 들어가는 포장지의 지저분한 부분은 예쁜 리본이나, 데코테이프를 붙여 깔끔하게 마무리합니다.

08 | 박스 안에, 박스가 들어가면 이런 모습으로 완성되겠지요?

09 | 화장용품들을 수납해보았습니다. 스킨 로션 같은 기초화장품, 마스카라나 립스틱 같은 작은 화장용품까지 이 박스 하나면 한번에 다 해결되네요.

01 | 다 쓰고 난 세제통 같은 튼튼한 플라스틱 용품도 수납 리폼에 좋은 재료가 됩니다.

02 | 앞면의 투명 아크릴을 떼어내고요.

03 | 집에 있던 미니 거울을 글루건으로 붙였습니다.

04 | 포크아트용 페인트나 아크릴 페인트를 준비해 주세요.

05 | 원하는 색으로 조색합니다. 팔레트 대신으로 김이나 과일 담는 플라스틱 용기 같은 걸 사용하면 돼요.

06 | 조색한 페인트를 얇게 바릅니다.

07 | 드라이어로 말려줍니다. 얇게 바르고, 말리는 과정을 2~3번 거칩니다.

08 | 페인트라 벗겨지지 않게 바니쉬로 마무리합니다 (코팅해 주는 거라고 생각하면 쉽게 이해가 될 겁니다).

09 | 뒤쪽에는 사은품으로 받은 파우치를 글루건으로 고착시킵니다.

10 | 브러시나 립스틱 같은 용품들을 수납하기 위한 공간입니다.

11 | 그 다음 골판지를 자른 후, 데코테이프로 끝을 마무리하세요.

미니 화장대 역시, 활용도를 보여주기 위해서 화장용품들을 수납해보았지만 여러분들의 상상력과 활용도에 따라 그 사용처는 천차만별의 다양함을 발휘할 거예요. 구하기 쉬운 재활용품으로 만든 활용도 높은 수납용품들을 여러분들의 아기자기한 공간에 하나둘씩 마련해 보는 건 어떨는지. 저는 그냥 하나의 방법을 보여드리는 것뿐이고, 감각 있는 여러분들은 훨씬 더 실용성과 장식성 높은 리폼을 하리라 믿어요.

12 | 이렇게 세제통 안쪽의 칸 막이로 사용합니다.

13 | 큰 화장용품, 빗과 거울 등이 예쁘게 자리 잡았습니다.

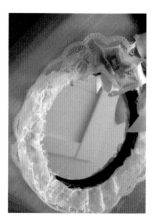

14 | 거울은 레이스와 조화로 장식했고요.

15 | 이 미니 화장대 하나면 화장하는 일은 금세 끝나요. 또한 뚜껑이 있어 먼지가 들어가지 않고, 손잡이 부분이 있어 가방처럼 이동하기도 편해요.

01 | 밋밋한 티박스에 키티 스티커를 붙여 딸아이 액세서리 수납함
을 만들어주었답니다.

02 | 별다른 리폼을 하지 않고 간단한 스티커 부착만으로 분위기 변
신 성공. 칸막이가 있어 수납용품으로는 딱이랍니다.

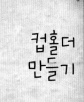

컵홀더
만들기

01 | PT병의 적당한 높이에 사진처럼 칼로 그어줍니다.

02 | 계속 칼로 그어도 되지만, 그 다음은 가위로 자르는 것이 훨씬 편하고 속도가 빠릅니다.

03 | 컵의 손잡이가 나올 부분을 U자 모양으로 잘라주세요. 한 가지 유의할 점은 모서리 부분은 다 둥글게 마무리해 주는 거예요.

04 | 이렇게 손잡이가 나오도록 보관하면 됩니다.

우유병으로
귀여운
수납용품
만들기

01 요즘에는 우유병이나 주스병도 정말 다양하고 예쁜 모양으로
나오더군요. 하지만, 절대 먹는 음식이나 재료들은 수납하지 마
세요. 원래 일회용품으로 만들어진 것이라 한 번 사용하고 나면, 그 안
에 세균이 엄청나게 번식하기 때문에 음식 보관용도로는 부적당합니다.

02 우유병 안을 깨끗하게 물
로 헹구고 말린 다음 라
벨을 깨끗하게 떼어줍니다. 잘 떼
어지지 않는 것은 따뜻한 물에
불린 후 떼면 잘 떨어집니다.

03 이렇게 예쁜 스티커만 붙
여주면 끝. 무척 간단하
죠?

04 주스병에 이렇게 부엌 관
련된 스티커를 붙이면 주
방과 잘 어울리는 수납용품이 되
겠죠? 스틱형 커피나 차 같은 걸
보관하면 좋아요.

05 마트나 인터넷에서 보면,
이렇게 다양하고 예쁘고
저렴한 데코스티커가 많아요.

01 │ 화장품 박스나 구두 박스
는 단단해서 리폼 재료로
참 좋아요. 이렇게 포도주 선반을
만들어도 좋을 정도입니다. 박스
에 폼포드로 패널과 하트 헤드를
만들어 붙이세요.

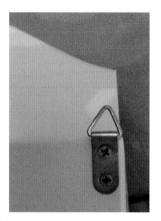

02 │ 뒤에는 고리도 달으세요.

03 │ 와이어를 구부려서 포도주
잔 걸이도 만들어줍니다.

04 │ 떨어지지 않게 잘 부착합
니다. 와이어는 잘 구부
러지고 튼튼하고 저렴해서 리폼
하는 데 좋아요.

05 │ 하드박스, 우유팩, 주스
병, 폼보드, 와이어로 만
든 초간단 포도주 선반을 벽에
부착한 모습입니다.

01 | 티슈케이스를 잘라서 바깥박스로 활용하고, 우유팩을 잘 말린
후 스티커를 붙여서 안에 쏘옥 넣습니다. 와이어로 손잡이처럼
만들어주어서 이동하기 편하고요. 여러 가지 티백이나 스틱용 차를 보
관하면 딱이에요.

리폼하지 않고도 바로 사용 할 수 있는 재활용품

01 튼튼한 나무로 되어 있는 차 보관함 자신만의 스
타일로 페인팅하고 리폼할 수도 있지만 그 자체
로 그냥 사용해도 훌륭한 수납용품입니다. 액세서
리나 귀걸이, 작은 물건들을 수납하기 너무너무
좋습니다.

02 분리가 되어 있는 과자통 작은 비즈나 리본 같은
DIY 용품들, 헤어 액세서리를 보관하기 참 좋아
요. 한과 박스 그 자체가 예쁜 데다 튼튼해서 그
냥 큰 노트나 서류를 보관하는 것도 좋고, 칸막이를 만들어서 수납해도 좋
은 용품입니다.

03 그 외에도 뚜껑 있는 캔, 예쁜 플라스틱 컵, 다양한 원통캔이나 플라스틱,
티슈케이스 등은 따로 굳이 리폼하지 않아도 잘 보이지 않는 곳에 수납하
면 참 좋습니다.

01 | 운동할 때 줄넘기는 어떻게 보관하세요? 여러분들의 자녀들은 학교에서 줄넘기가 필요할 테니 이 방법을 알아두면 요긴할 겁니다. 접는 우산을 사면 꼭 우산 커버가 있는데요. 젖은 채로 우산을 넣으면 오히려 냄새가 나고 습기가 차기 때문에 잘 사용하지 않게 되더라고요. 하지만 버리기에는 너무 아까웠는데 이렇게 줄넘기를 접어서 보관하니 안성맞춤입니다.

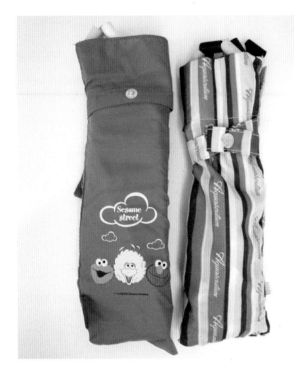

02 | 이렇게 예쁜 미니 쇼핑백에 넣어서 현관 신발장에 보관하면 찾기도, 사용하기도 무척 편하답니다.

03 | 또한, 나무젓가락을 보관할 때도 우산 커버를 사용하는데요. 나무젓가락은 청소할 때나 아이들 만들기 할 때 필요해서 보관해둔답니다.

04 | 이렇게 대나무젓가락 옆에 나무젓가락을 보관해두면 보기에도 예쁘고 수납에도 편리하니 한번 활용해봐요.

꼭 기억해야 할 수납 정리 원칙

각 공간마다 수납하는 방법에 대해서 하나하나 살펴보았는데요. 세세하게 기억하며 실천하기가 어렵다면 다음 사항만 명심하면 됩니다.

01 수납할 때 주먹구구식으로 시작하지 말고 '수납 주간'을 정해서 자신만의 계획표를 만들어 하나하나 체크하면서 수납하세요. 그러면 수납하는 게 훨씬 수월합니다.

02 수납은 큰 공간에서 작은 공간으로 옮겨가면서 하면 됩니다. 즉, 집에서 가장 규모가 큰 거실에서부터 침실 → 주방 → 욕실 → 현관 → 베란다 순서로 수납합니다.

03 각 공간별로 수납할 때에도 큰 규모에서 작은 규모 순서대로 하면 되며, 구체적으로 살펴보면 다음과 같습니다.
① **거실** 거실장 → 콘솔 → 협탁 순
② **침실** 옷장 → 화장대 → 서랍장
③ **주방** 싱크대 상부장 → 하부장 → 냉장고 순으로 정리
④ **욕실** 욕조 주변 → 욕실장 → 선반
⑤ **각 가구 수납 순서** 왼쪽에서 오른쪽, 위쪽에서 아래쪽의 순서대로 자신의 몸이 움직이는 동선대로 하나씩 수납.

04 필요 없는 물건들을 정리 할 때에는 무조건 미리 꺼내지 말고, 타포린백이나 쓰레기 봉투를 미리 몇 개 준비한 후 종이류, 플라스틱류, 일반 쓰레기 등을 구분해서 버리면 편리합니다.

05 사람이 살다보면 365일 깨끗하게 살 수는 없지요. 그런데 급하게 손님이 들이닥친다거나 할 때는 뚜껑 있는 대형 바구니가 활용도가 많답니다. 거실에 어질러져 있는 물건들을 제자리에 두느라 시간 뺏길 필요 없이 그냥 바로바로 바구니에 담으면 되니까요. 각 공간에 뚜껑 있는 바구니를 하나씩 두면 편합니다.

06 어떤 공간이든 90%정도만 채우고 나머지 10~20%는 여유 공간을 두도록 합니다. 살림살이는 늘어나기 마련이므로 살림이든, 수납 공간이든 어느 정도의 숨 쉴 공간이 필요합니다. 그렇지 않으면, 하나를 구입하면, 오래되고 활용도가 떨어지는 하나는 처분한다는 원칙을 실행하는 것도 좋아요. 이런 마음을 가지고 있으면 물건을 구입할 때 신중하게 생각하게 되어 절약이 자연스럽게 몸에 배게 됩니다.

PART 02

참 쉬운 청소

청소하기 전,
이것만은 알아두세요!

『성자가 된 청소부』라는 책이 있지요.

주인공 자반은 자신이 저지른 죗값을 치르기 위해 아무런 대가도 바라지 않고 오히려 베풀면서 '청소'라는 귀중한 일을 매일 해나갑니다. 청소라는 것 자체가 매일 자신의 생활을 정화한다고나 할까요? 하지만 주부에게 청소는 끊임없이 해야 하는 가사 노동일 뿐입니다. 똑같은 청소라도 어떻게 '시스템화' 하느냐에 따라 금방 끝날 수도 있고, 해도 해도 끝이 나지 않을 수 있지요.

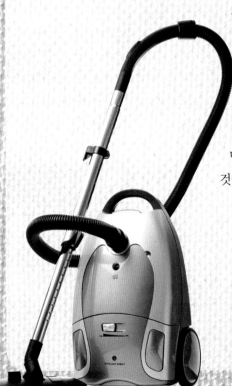

자신만의 '청소도표'를 만들어보세요.

날마다, 일주일마다, 격주마다, 월마다, 계절마다 해야 할 일을 적어놓고 그에 맞게 하다 보면 청소가 주는 스트레스에서 많이 벗어날 수 있을 거예요.

청소 주기를 정할 때는 매월 1일, 매월 15일, 매주 월요일 등 기억하기 쉽도록 날짜를 정하는 것이 좋습니다.

제가 청소하는 도표에요. '청소도표'가 있으면 동선과 시간을 많이 절약할 수 있어요.

 주기별로 해야 할 청소

매일 해야 할 일	환기, 정리, 청소, 설거지, 빨래, 침구 먼지 제거, 음식물 쓰레기 버리기, 가스레인지 주변 청소, 도마·칼·행주 살균, 밥솥 청소, 전자레인지 청소, 가습기 청소 등
일주일마다 해야 할 일	대청소(물걸레질), 소파·침대·가구 밑 먼지 제거, 베란다나 현관 바닥 청소, 재활용 쓰레기 비우기, 욕실 청소, 청소기 먼지 제거 등
격주로 해야 할 일	세탁조 세정제, 가구 환기, 침구 곰팡이 제거 주사, 조명 닦기 등
월별로 해야 할 일	이불·베개 빨래, 기타 작은 패브릭 빨래, 제습제 교환, 후드 청소, 신발장 먼지 제거, 세탁기 청소 등
계절별로 해야 할 일	커튼 빨기, 침구 교체, 옷장 정리(계절 옷으로 교체), 묵은 먼지 제거(냉장고 위, 가구 위, 틈새 먼지, TV 뒤), 냉장고 청소, 세탁기 청소(전문기관 의뢰), 욕실 브러쉬 교환, 에어컨 필터 청소, 수납재 정리 등

그리고 청소에 필요한 물품들을 한 곳에 모아두고 사용하면 훨씬 일하기 수월합니다.
이제 식초, 베이킹 소다, 신문지, 칫솔, 브러쉬, 극세사 장갑, 밀가루, 여러 가지 세정제 등이 청소에 어떻게 사용되는지 저와 함께 알아가기로 해요.

01

하루 일을 손쉽게,
동선 정하기

모든 살림이 그렇듯, 최소한의 동선을 선택하면 시간도 절약되고 '살림'도 가벼워집니다. 저는 살림과 육아, 일까지 모두 해야 하기에 매일 해야 하는 '청소' 역시 최대한 빠르고 효율적으로 하려고 노력합니다. 청소하는 동선을 정리하면 환기 → 세탁기에 빨래 넣기 → 아침 설거지 → 침구 정리 → 살림살이 정리 → 청소 → 빨래 널기 → 휴식의 순입니다.

09:00 환기

09:10 세탁기에 빨래 넣기

09:20 아침 설거지

09:40 침구 정리

10:00 살림살이 정리

10:30 청소

11:00 빨래 널기

오전에 대부분의 일과는 끝내고 오후에는 자기계발을 하거나 미뤄두었던 살림살이를 할 충분한 시간이 생깁니다.

11:30 휴식

(휴식 후 오후에 빨래 개기, 점심·저녁 식사 준비와 설거지만 남았습니다.)

01 청소하기 전, 제일 먼저 하는 일이 '음악 틀기'입니다. 이왕이면 경쾌하고 발랄한 댄스 음악이 더 흥겹지 않을까요? 음악을 틀었다면 집 안 곳곳의 문을 활짝 열고 환기를 시켜주세요.

02 세탁기가 돌아가는 시간이 보통 1시간~1시간 30분이니, 빨래부터 돌려야 일의 아귀가 맞아떨어집니다. 3단 수납함을 이용해 속옷과 양말, 상·하의 등을 구분해서 넣어둡니다.

03 속옷이나 양말 등 작은 빨랫감이나, 옷감이 여린 옷들은 세탁망에 넣어주세요. 세탁망 역시 용도별로 여러 가지 종류가 있고, 빨랫감 스타일에 따라 고르면 됩니다.

세탁망은 이왕이면 튼튼한 것이 오래 가고, 세탁물의 엉킴에 강합니다. 너무 얇은 세탁망은 빨랫감에 엉켜서 나중에 꺼내기가 힘듭니다.

세탁물을 넣기 전에 바지는 뒤집어서 넣기, 상의 소매는 안으로 말아 넣어서 엉키지 않게 하기, 지퍼는 잠그기, 주머니 안에 물건 빼기, 색깔 있는 옷이나 청바지는 단독으로 세탁하기 등 원칙을 지켜주세요.

04 옷의 안감에 붙어 있는 '세탁 시 주의사항'을 잊지 마세요.

05 아침 식사를 맛나게 먹었으면 설거지를 해야겠지요. 먹은 그릇은 10분 정도 물에 불리고 나서 설거지를 하면 됩니다(너무 오래 두면 세균 번식 때문에 좋지 않아요).

침구정리

01 │ 침구와 이불 정리는 일어나서 바로 하지 말고, 30분 정도 있다
   │ 가 하는 것이 좋아요. 밤 사이 침구에 묻어 있는 나쁜 기운들
과 세균들이 나갈 시간을 주는 거지요. 가구의 문도 열어서 환기를 시
키세요.

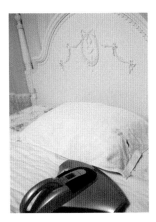

02 │ 침구에 묻어 있는 세균,
   │ 집 먼지는 진드기 제거용
청소기를 이용하세요. 그리고 베
개는 매일 세탁하기 번거로우므
로 수건을 깔아두었다가 바꿔주
세요.

03 │ 스타일에 따라 베개를 기
   │ 대놓기도 하고, 쿠션을
몇 개 더 두기도 하지만 베개를
눕혀놓고 이불은 위쪽만 한 번
접어 놓은 게 잠자리에 들 때 편
하답니다.

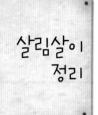

살림살이
정리

01 집안 곳곳에 흩어져 있는 살림살이들을 제자리에 정리합니다.

02 재활용 쓰레기들을 한곳에 잠시 모아두었다가 각각의 분리함에 따라 정리하면 편합니다.

청소

01 청소기로 집안 곳곳을 청소합니다. 큰방에서 작은방, 거실 순서로 해주어야 큰방에서 나온 먼지들이 거실에 모여 더러워지는 일이 없습니다.

02 청소가 끝났으면 청소기는 제자리에 두세요.

청소기는 매일 쓰는 물건이라 꺼내 쓰기 편해야 하지만, 눈에 띄면 지저분해 보이기 때문에 주방 냉장고 옆에 보관하고 있어요. 베란다보다는 꺼내기 편하고, 거실에서 잘 보이지 않아 청소기 보관하는 데 적절한 장소이더군요.

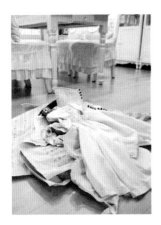

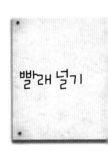

01 | 빨래가 마르면 옷은 개어
야겠지요?

02 | 마른 옷을 갤 때는 집의
가장 중앙이 되는 장소에
서 각 방에 들어가는 빨랫감을
분류한 후 정리하세요.

03 | 이제 마지막으로 자연 건
조된 그릇을 제자리에 두
면, 청소 끝입니다.

빨래 널기

01 | 젖은 옷은 세탁기가 정지
한 즉시 바로 꺼내서 널
으세요. 물과 적당한 온도가 모든
세균의 온상이 되기 때문에 빨래
를 세탁기 안에 오래 놔두면 좋
지 않아요.

02 | 젖은 옷은 널기 전에 탁
탁 털어서 주름이 잘 생
기지 않노록 해주세요. 젖은 옷
널기와 다림질에 대해서는 다음
장에서 다시 자세히 알아보도록
할게요.

02 침실 청소

수면은 포근하게,
침실 대청소

침실은 위에서 아래의 순서로 청소하면, 먼지가 다시 모이는 것을 방지할 수 있어요. 환기 → 커튼 빨기 → 천장 몰딩 청소 → 가구 위 청소 → 조명등 청소 → 가구 닦기 → 매트 청소 → 이불 청소 → 바닥 청소 → 커튼 달기 순서로 하면 됩니다. 만약, 동선을 생각하지 않고 바닥이나 침대부터 먼저 청소를 하면, 나중에 천장에서 떨어지는 먼지 때문에 다시 청소해야 하는 난감한 사태가 벌어집니다.

환기 및 커튼 빨기

01 환기를 위해 창문을 활짝 열어주시고, 두건과 마스크를 꼭 착용해주세요. 커튼은 봉에서 떼어내 세제를 푼 물에 30분쯤 담갔다가 세탁기에 돌리세요 (세탁기마다 차이는 있겠지만 이불, 커튼 전용이나 섬세의류 코스에 맞춰주세요). 탈수는 1분쯤으로 짧게 해야 구김이 적습니다. 얇고 섬세한 감이라면 손으로 직접 조물조물 세탁하든가, 욕조에 담가 발로 밟아주세요.

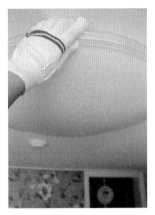

02 | 밀대형 청소 도구로 장몰딩의 먼지를 제거해주세요. 먼지 털이로 터는 것보다 이렇게 닦는 것이 먼지가 집 안 전체에 날리지 않아서 더 좋습니다.

03 | 의자나 스툴 위에 올라서서 약간의 세제와 물을 묻힌 막대 걸레로 가구 위에 쌓인 먼지도 제거하세요.

04 | 천장의 등은 완전히 벗겨내서 물기가 살짝 있는 수건으로 먼지를 제거한 후 마른 수건으로 닦거나, 주기적으로 자주 청소한다면 목장갑으로 가볍게 먼지를 제거하면 됩니다.

05 | 원목가구나 가구를 닦을 때는 물걸레질을 하지 말고, 가구 먼지 제거 스프레이를 사용해야 합니다. 이때 미끄러움을 방지하기 위해 신문지를 깔아두세요.

06 | 가구 먼지 제거제는 가구에 직접 뿌리는 것보다 용기를 잘 흔든 후, 부드러운 천에 뿌려서 닦는 것이 좋습니다.

가구 먼지 제거제뿐만 아니라 어떤 스프레이든지 제품에 직접 뿌리는 것보다는 다른 천에 일차적으로 뿌리는 게, 제품 보호 측면에서 좋답니다.

흰색 가구는 누렇게 변색되었을 때, 부드러운 천에 치약을 묻혀 페인트칠이 벗겨지지 않도록 조심스럽게 문질러 닦으면 흰색이 되살아나기도 합니다.

매트는 3개월마다 한 번씩 좌우를 바꿔주고, 6개월마다 상하를 뒤집어주면 침대 수명이 훨씬 길어집니다.
침대의 생명은 매트의 스프링에 있으니까요.
3월 1일, 6월 1일, 9월 1일, 12월 1일 주기로 기록해두면 훨씬 기억하기 쉽겠죠?

07 | 부드러운 천으로 원을 그리며 문질러 닦아주세요.

08 | 가구 먼지 제거제가 없다면 따뜻한 물과 식초를 1:1로 섞어서 분무기에 넣어 사용해도 됩니다.

09 | 침대에는 집먼지진드기가 서식해서 아토피나 천식 같은 알레르기 증상을 유발할 수 있습니다. 침구 정리를 바로 하지 말고, 이불을 침대 한편에 두어 눅눅해진 매트를 말려주세요.

10 | 침대 매트의 비닐포장은 벗겨주세요. 그래야만, 통풍이 잘돼서 스프링이 녹슬거나 내장재에 곰팡이가 슬지 않아요. 매트 커버를 씌웠다가 주기적으로 자주 세탁해 주는 것도 좋은 방법입니다.

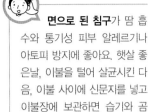

11 | 침구청소기를 사용하든지, 롤클리너를 사용하든지 아니면 사진처럼 접착테이프를 둥글게 말아서 머리카락이나 먼지를 제거해주세요.

12 | 침대 세균 제거제는 바늘이 달려 있어 매트 내부에 분사하기 때문에 곰팡이나 세균 번식을 막을 수 있습니다. 1회성에 그치지 말고, 45일 주기로 정기적으로 해주어야 합니다.

면으로 된 침구가 땀 흡수와 통기성 피부 알레르기나 아토피 방지에 좋아요. 햇살 좋은날, 이불을 털어 살균시킨 다음, 이불 사이에 신문지를 넣고 이불장에 보관하면 습기와 곰팡이를 예방할 수 있어요.

13 | 이불은 주기적으로 세탁하는 것이 좋지만, 그게 힘들 땐 이렇게 이불을 M자로 널어서 팡팡 두들겨 주는 것만으로도, 진드기가 70%이상이 죽는다고 합니다.

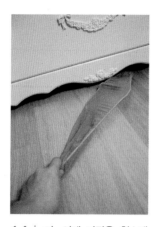

14 | 자, 이제 바닥을 청소해 야 하는데요.
가구 틈새의 먼지는 세탁소 옷걸이를 길게 만든 다음, 못 쓰는 스타킹을 씌워 청소하면 됩니다.

15 | 스타킹 정전기에 의해서 딸려 나온 먼지, 눈으로 직접 확인하니 알 수 있겠죠?

가구 손상 부위 대처법

먼지 제거법

01 가구의 위쪽 부분에 먼지 보이시죠?

02 물과 식초로 만든 스프레이를 천에 뿌리고 닦아 볼게요.

03 말끔히 사라졌습니다. 식초의 아세트산 성분이 살균 표백에 뛰어난 효과를 보여 아주 다양한 용도로 쓰인답니다. 마른 걸레로 한 번 더 깨끗이 닦아 주면 마무리됩니다.

흠집 제거법

01 가구에 이렇게 흠집이 나면 속상한데요.

02 그때는 가구와 똑같은 색깔의 크레파스를 칠해보세요. 저는 흰색 가구이니 흰색 크레파스로 메웠답니다.

03 끝으로 투명 매니큐어를 발라 코팅 효과를 주면 됩니다.

04 완벽하지는 않지만 위의 사진과 비교해 보았을 때, 감쪽같죠? 물론 이 방법은 흠집이 작게 났을 때이고, 흠집이 크게 나면 메꾸미 같은 재료를 발라야 합니다.

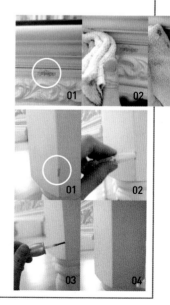

16 가구 틈새까지 청소했다면, 침대 아래 바닥 청소도 잊지 마세요. 바닥은 매일 청소기로 닦는 것이 기본이지만, 대청소할 때 막대 걸레에 청소포를 끼워 닦아주면 먼지가 깔끔하게 제거됩니다.

17 커튼은 매일 청소기로 훑어 미세 먼지를 제거하는 것이 가장 좋아요. 현실적으로 힘들다면, 대청소할 때 정기적으로 세탁을 해주든지 세균제거 스프레이를 4~5회 잘 흔든 다음, 40~50cm 거리에서 고루 뿌려주는 것도 한 가지 방법입니다.

커튼은 따로 말릴 필요 없이 그대로 달아도 커튼봉 자체가 세탁기 건조대의 역할을 하니까 잘 마릅니다.

블라인드는 고무장갑을 먼저 끼고 면장갑을 덧끼운 다음, 블라인드 살 사이를 닦아내면 됩니다. 아니면 청소기로 먼지를 빨아들인 뒤, 엷게 푼 세제물을 천에 묻혀 닦는 것도 좋은 방법입니다.

각종 소품 닦는법

전화기 전화기는 손때나 세균이 많이 묻는 제품이기 때문에 정기적으로 청소해주는 것이 좋아요.
소독용 에탄올이나 식초 몇 방울을 묻힌 부드러운 천으로 전화기를 고르게 닦아주세요. 수화기와 손잡이 닦는 것도 잊지 마시고요.
닦기 힘든 먼지는 면봉을 이용하면 편하게 제거할 수 있어요.

리모컨 집 안 곳곳에 있는 리모컨 역시 전화기와 마찬가지 방법으로 청소해주면 됩니다.

스탠드 스탠드등 같은 조명 기구에 끼인 먼지들은 뜨거운 열로 눌어붙기 때문에 제거하기가 어려워요.
그럴 땐 우선 휴지를 덮고, 세제 액을 뿌려주세요. 10~20분 후 먼지가 붙어서 위로 떠오르면 휴지를 떼어내고, 부드러운 천으로 닦아주세요. 먼지가 깨끗이 제거됩니다.

03

조리는 깨끗하게,
주방 대청소

주방청소의 동선은 환풍기 필터와 가스레인지 삼발이 물에 불려놓기 →
벽면타일, 레인지후드에 세제 뿌려놓기 → 수납장 정리 정돈 → 물에
불린 필터와 삼발이 닦기 → 음식물 쓰레기 처리 → 주방용품 닦기(수
세미, 행주, 도마, 그릇 설거지 등) → 싱크대 상판 닦기 → 싱크대 청소
→ 가스레인지 청소 → 냉장고 정리 → 주방 바닥 닦기 순서입니다.

수납장안
청소하기

01 │ 설거지 해서 넣어둔 그릇
이라 해도 미세 먼지가
들어가므로 한 번 물에 살짝 헹
궈 사용하는 것이 좋아요. 우선
주방용품과 그릇들을 트레이에
담아 꺼내놓으세요.

02 │ 자, 깨끗하게 비우셨나요?

도구를 잘 갖춰야 청소가 쉽다

1 주방 청소 시 필요한 기본 세제

주방 청소에서 가장 기본이 되는 것은, 일반 주방세제 아니면 베이킹 소다(탄산수소나트륨, 소다라고도 해요), 식초, 소주, 치약입니다.

소다 기름때에 강하고 연마 효과가 있으며 냄새를 빨아들이는 기능이 있습니다. 단, 알루미늄 소재에 닿으면 까맣게 변하므로 주의하세요.

소주 소독과 오염 제거에 탁월합니다. 휘발성이 강해서 환기만 잘 시켜주면 냄새도 잘 빠져요.

치약 주방이나 욕실에서 스테인레스 제품 청소에 자주 사용되는 좋은 청소 제품입니다.

식초 석회질과 물때를 녹여주고 살균 및 암모니아 제거에 효과가 있습니다. 단, 철이나 대리석, 나무 제품에는 사용하지 않는 것이 좋아요. 설탕 등 조미료가 첨가된 식초보다는 쌀 등의 곡물로 빚은 식초가 더 적당합니다.

얼룩을 제거할 때는 작은 때부터 더러움이 심한 곳으로 넓혀가며 청소를 하시는 것이 좋아요. 가벼운 때를 먼저 청소하고, 오염이 심한 때는 물 → 천연세제 → 용도에 맞는 기성 세제의 순으로 사용하면 됩니다.

2 주방 청소 시 필요한 기본 용품

01 매직스펀지 세제 없이 물만으로 찌든 때를 제거하는, 초극세사 멜라닌폼 성분으로 오염 제거가 잘 되는 편입니다.

벽지, 장판, 마루의 찌든 때와 주방, 욕실, 냉장고 등 사용 범위도 넓습니다. 용도에 따라 적당한 크기로 자른 뒤, 따뜻한 물에 적신 후 스펀지의 물기를 양손으로 제거하고 때를 닦으면 됩니다.

사용 후에는 흐르는 물에 헹군 뒤 그늘에 보관하면 됩니다.

소모성 제품이라 너무 오래 사용하지는 못하며, 광택 제품이나 전기 제품에 사용하면 안 됩니다.

01

02 부직포로 된 세정제 컴퓨터나 차량, 생활용품들의 찌든 때나 기름때가 잘 닦입니다. 모니터나 브라운관, 천연 가죽 제품에는 사용을 피해야 합니다.

살균세정티슈 사용이 편리한 대신 식기나 그릇, 도마, 신체 등 음식이나 사람이 직접 닿는 부분에는 사용을 피해야 하며, 변기에 버리면 안 됩니다.

02

03 | 주부들의 만능 세제라 할
수 있는 베이킹 소다를
선반에 솔솔 뿌리세요.

04 | 행주를 물에 가볍게 적십
니다.

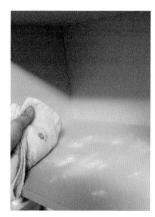

05 | 물에 적신 행주로 닦아볼
게요.

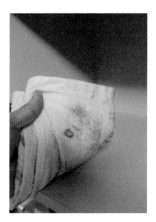

06 | 먼지가 깨끗이 제거되었
지요?

07 | 마른 행주로 마무리 하세
요.

08 | 쿠킹호일이나 신문지를 바닥에 깔아주세요.

09 | 트레이에 담겨 있던 주방용품들을 다시 나란히, 나란히 정리해
주면 됩니다.

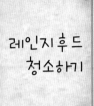

레인지후드
청소하기

01 이번에는 레인지후드를 닦을 차례인데요. 레인지 후드의 기름때에는 소주를 한번 이용해볼게요.

02 물로만 닦는 매직스펀지 이지만, 오염도가 심한 편이라 소주를 적신 후 닦아보았 습니다. 닦인 왼쪽과 닦이지 않은 오른쪽 부분이 확연히 차이가 나 죠?

03 기름때가 이렇게 많이 묻 어나옵니다.

04 버튼의 동그란 부분은 면 봉으로 닦아주세요. 손이 닿기 힘든 작은 부분은 칫 솔, 면봉, 이쑤시개 등을 사용하 면 참 편리해요.

05 그리고 마른 헝겊으로 마 무리 해줍니다.

06 몰라보게 깨끗해졌죠? 후드와 상판은 소주 대신 치약으로 닦으면 윤기가 나고 뽀 드득해집니다. 키친타월에 세제를 뿌린 다음 10분 정도 불린 후, 잔 여물을 닦아도 쉽게 제거됩니다.

후드 내부
청소하기

01 | 음식의 기름때와 오염물이 바로 묻는 후드필터도 필수적으로
깨끗이 청소해야겠지요? 후드필터를 분리합니다.

02 | 칫솔과 수세미를 이용하
여 주방세제로 커버를 깨
끗이 청소합니다.

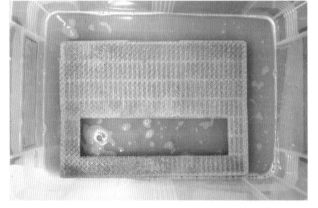

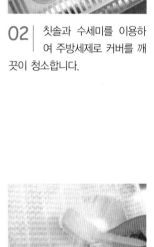

03 | 필터는 큰 플라스틱 바구니에 넣고 따뜻한 물에 세제를 풀어
20~30분 동안 담아놓습니다.

04 | 브러시를 이용하여 흐르
는 물에 깨끗이 씻습니다.

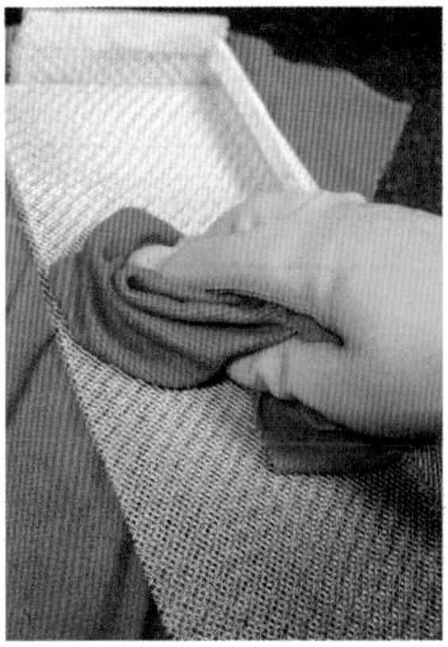

05 깨끗이 청소된 필터를 완전히 건조시킵니다. 물기가 남아 있다면 마른 행주로 톡톡 두드리듯이 조심스레 물기를 제거합니다.

06 커버에 필터를 끼운 후 다시 장착합니다.

가스레인지 청소하기

01 가스레인지 삼발이를 따뜻한 물에 30분 이상 불려 기름때를 분리하세요. 시간이 없을 때는 가스레인지 불에 3분 정도 쐰 후 신문지에 펼쳐놓으면 기름때가 떨어집니다. 물에 불리는 동안, 벽면타일에 세제를 뿌려놓고요. 수납장 정리 정돈을 하시기 바래요. 청소 시작 때, 물에 불린 삼발이와 버너 받침대는 모두 꺼내서 닦은 후, 맑은 물에 헹궈 물기를 완전히 제거하면 됩니다.

02 | 가스레인지는 요리를 끝내고 남아 있는 열을 이용해 닦는 것이 가장 빠르고 쉽습니다. 국물이나 음식물이 넘쳤을 때 바로 걸레나 키친타월로 닦아줘야 오염물이 오래 가지 않습니다.

03 | 가스레인지 상판에는 베이킹 소다를 솔솔 뿌려주시고요. 물에 적신 천으로 상판을 깨끗하게 닦아주세요.

삼발이 오염이 심하다면, 식초:물=1:1의 식초물에 삼발이가 잠길 정도로 넣고, 끓으면 곧바로 불을 끄고 하룻밤 정도 재워두세요. 다음날 소다로 문지르면 말끔해집니다.

주방 오염 제거 순서는 소다 뿌리기 → 물에 적신 천으로 닦기 → 마른 천으로 마무리입니다.
만약 오염이 심하다면 세제를 묻힌 키친타월을 깔아두었다가, 때가 불면 키친타월과 행주로 닦은 후, 마른 행주로 마무리하세요.

04 | 그리고 마른 천으로 마무리하면 됩니다.

05 | 밸브는 칫솔에 치약을 묻혀 뽀드득 닦아주세요.

06 | 밸브 밑의 홈 부분은 면봉으로 묵은 오염물을 제거합니다.

07 | 불이 올라오는 홈은 이쑤 시개로 뚫어주면 됩니다.

08 | 상판의 가장자리에도 보이지 않는 묵은 때가 많으니, 스크래퍼로 싸악~깔끔하게 마무리해주는 센스.

전기레인지 청소하기

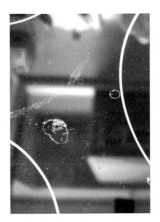

01 | 전기레인지는 사용한 후에 반드시 깨끗이 청소해야 합니다. 가벼운 오염일 경우에는 따뜻한 걸레로 닦아내거나 식초 또는 레몬으로 자국을 지웁니다.

02 | 눌어붙은 자국이나 오염이 심할 경우에는,

03 | 스크래치가 생기지 않게 전용 스크래퍼로 조심해서 긁어냅니다.

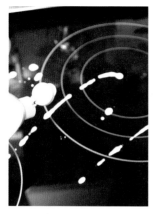

04 반드시 전기레인지 전용 세제인지 확인하고 흔들어서 골고루 뿌려줍니다.

05 오염된 부위가 녹도록 잠시 기다린 후에 키친타월로 닦아냅니다.

06 조리판에 전용 세제가 남지 않도록 깨끗하게 닦아야 합니다.

07 사용하다 보면 틈새에 오염물이 끼이는 경우가 있는데, 플라스틱 스크래퍼로 조심스레 찌꺼기를 제거합니다.

08 끝 쪽에 오염물이 묻어나온 거 보이시죠? 만약 플라스틱 스크래퍼가 없다면, 식빵 클립의 딱딱한 부분을 사용하셔도 됩니다.

09 사용한 지 몇 년이 지났지만 여전히 새제품 같은 이유는 평소에 청소와 관리를 철저히 해주기 때문이랍니다.

각종 주방소품 세척하기

행주

01 | 가장 간단하고도 효과적인 소독법 중 하나입니다. 행주가 잠길 정도의 물에 행주를 담그세요.

02 | 베이킹소다 4큰술(대략 밥수저로 4번)을 넣은 후, 하루 정도 담가두면 깨끗해집니다.

주방에서 사용하는 행주, 수세미, 도마 등은 음식물과 접촉되는 소품이므로 위생적으로 세척되어야 합니다. 주방 소품은 수분과 함께 오물이 남아 있으면 세균 번식이 활발해져 가족의 위생을 위협할 수 있으므로 항상 청결을 유지하도록 노력하는 것이 중요합니다.

행주 위생적으로 사용하는 법

01 한 번 사용한 행주는 세제로 깨끗이 빨아 오물을 없앤 다음 락스 등의 표백제를 풀어놓은 물에 30분 이상 담급니다.

02 세제를 넣고 삶은 후에 헹궈 햇볕에 소독합니다. 이때 식초를 넣으면 소독과 냄새 제거에 좋습니다.

03 겨울철에는 주 2회, 여름철에는 이틀에 한 번 정도는 삶는 것이 좋습니다. 바쁠 때는 위생팩에 행주와 세제, 물을 넣고, 충분히 흔든 후 묶은 다음, 전자레인지에 1~2분 정도 돌리는 방법이 있습니다. 이 방법은 간단하긴 하지만 환경호르몬 문제 등 여러 논쟁이 있어, 되도록이면 가끔 사용하는 것이 좋습니다.

04 누렇게 변한 행주는 쌀뜨물에 2~3시간 담그면 어느 정도 깨끗해집니다. 주의할 점은 처음 씻은 물은 버리고 두 번째 씻은 물을 써야 합니다. 쌀뜨물도 천연 소재라 많이 쓰이는데 첫 번째 물은 농약 잔여물이 나올 수 있습니다.

05 세균은 보통 영하 1도면 모두 살균되므로 시간이 없다면 깨끗한 위생팩에 넣고 냉동실에 10~20분 정도 얼립니다.

06 행주는 오물을 1차적으로 닦을 젖은 행주, 2차로 깨끗이 마무리할 마른 행주를 준비해두어야 위생적으로 사용할 수 있습니다.

수세미

01 수세미에 남은 주방세제는 오히려 세균을 번식시키므로 식초나 표백제에 30분 이상 담근 후 물로 충분히 헹궈서 햇볕에 말려주세요.

02 수세미는 통풍이 잘 되는 철제 수납장에 보관하는 것이 좋습니다.

03 물이 완전히 빠지고 건조해진 수세미는 물이 닿지 않게 따로 보관해둡니다. 수건이 있는 곳은 자꾸만 수세미에 물이 닿아 금방 젖어 버리더라고요.

04 장마철에 수세미가 잘 마르지 않을 때는 헤어드라이어로 좀 더 빠르게 말리는 방법도 있어요.

05 수세미는, 철제, 아크릴 등 그 사용처에 따라 여러 가지가 있는데, 아크릴 털실 수세미는 강하게 문질러도 그릇에 흠집이 나지 않아서 효율적입니다.

수세미를 급하게 소독해야 할 때는 전자레인지에 잠깐 돌립니다. 수세미의 유효 기간은 아무리 길어도 한 달 입니다. 여유분을 준비해두었다가 한 달 간격으로 교체해주세요.

도마

육류용, 생선용으로 구분해서 사용하는 것이 가장 좋으며 식초물에 도마를 담그고 한나절 정도 둔 후 뜨거운 물로 헹궈서 소독하면 좋습니다. 식초물의 비율은 식초 1/4컵, 소금 1/2큰 술, 물 3/4컵 정도입니다. 평소에는 커피나 차를 끓이고 남은 뜨거운 물이 있으면, 도마에 부어 소독하는 것이 좋아요.

도마

01 | 나무 도마는 칼자국에 세균이 잘 번식하므로 자주 건조시켜주어야 해요. 생선비린내가 심할 때는 녹차를 우려낸 뜨거운 물로 소독하면 냄새가 많이 가십니다.

주방 소품 소독

01 매일매일 삶고 소독할 수만 있다면 더할 나위 없이 좋겠지만 그렇게 하다 보면 살림이 너무 힘들어 지치게 됩니다. 원칙은 지키되, 가끔씩 간편하고 다양한 방법들을 활용하는 지혜도 필요한 법이지요.

02 요즘은 빨아 쓰는 키친타월이나 살균세척기 같은 제품들이 있으니, 가끔씩 이런 제품들을 활용하는 것도 좋을 듯합니다.

01 설거지를 할 때는 10분 정도만 따뜻한 물에 담궈 두면 되는데, 크기가 큰 그릇부터 차곡차곡 쌓는 이른바 '타워세척'이 효율적입니다.

02 수저는 긴 통에 담궈서 나중에 따로 씻고 헹구세요. 건조할 때도 칸막이가 있는 수저 건조대에 두면 정리하기가 편해요.

03 그릇은 자연 건조시키는 게 좋은데, 만약 급하게 그릇을 닦아 넣어야 할 일이 생기면 그냥 일반 행주보다는 물기전용 행주로 닦아주는 것이 좋아요.

주부 습진 피하는 법

손 닿기 쉬운 서랍 안에 면장갑과 핸드크림을 넣어 두세요.

설거지를 할 때에는 반드시 고무장갑 안에다 면장갑을 끼고 해야 주부 습진을 예방할 수 있고, 설거지하고 난 다음에는 핸드크림을 발라야 여러분들의 섬섬옥수가 거칠어지는 것을 막을 수 있습니다.

타워세척을 하면 맨 위의 물이 아래쪽으로 자연스럽게 떨어져 오염이 대충 씻기기도 하거니와 헹굼은 그 반대의 순서가 되기 때문에 건조대에 그릇을 쌓을 때도 효과적이에요.
수세미에 세제를 묻혀 설거지하는 것보다, 개수대통에 담긴 물에 세제를 풀어서 하는 것이 더 잘 닦입니다.

행주는 처음에 한 번 세탁 후 사용하면 더 효과적이고, 사용 후에는 깨끗이 헹구어 건조시켜줍니다.

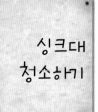

싱크대
청소하기

01 주방용품 청소가 끝났으면 싱크대 상판을 닦아볼까요? 우선 베이킹소다를 골고루 뿌려주세요.

02 부드러운 천으로 닦아 줍니다.

03 오염물이 눈에 보이죠? 마지막에 깨끗한 마른 천으로 마무리합니다.

04 벽면타일 역시 세제 묻힌 천으로 닦아주고, 타일 틈의 오염은 칫솔에 세제를 묻혀 닦아주면 효과적입니다.

05 배수구 역시 물과 오염, 냄새로 심한 곳이죠. 마찬가지로 소다를 골고루 뿌린 후 수세미나 솔로 닦으면 됩니다.

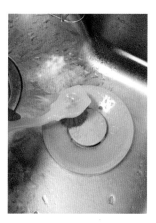

06 소다를 뿌린 배수구 뚜껑도 구석구석 닦아주세요.

07 | 거름망 역시 솔이나 칫솔로 홈이나 구멍까지 말끔하게 청소해주세요.

08 | 배수구의 홈 안쪽도 칫솔로 청소해주세요.

09 | 그리고 뜨거운 물을 골고루 뿌려 소독해줍니다.

10 | 식초 물을 흘려보내면 악취를 막을 수 있어요.

11 | 배수구와 싱크대는 물때와 음식물 때로 오염이 가장 심한 곳이므로 자주자주 청소해주는 것이 좋아요.

12 | 그냥 지나치기 쉬운 수전과 수전 근처도 반드시 닦아주어야 하는데, 칫솔에 치약을 묻혀 닦으면 깨끗해집니다.

13 레버를 열고 닫는 곳도 닦아 주시구요.

14 수전의 몸통과 바닥도 쓱 싹싹. 수전의 둘레 뒤는 손길이 미치지 않아 묵은 오염이 많으니, 한 번 더 신경 써서 청소해주세요.

15 싱크대 사방의 둘레도 세심하게 한 번 더 닦아줍니다.

휴대용 치약과 칫솔

하나쯤 주방에 수납해두면 청소하다가 따로 욕실로 가지 않아도 되니 편합니다. 청소하다가 도구 찾느라 이곳저곳 다니다 보면 일의 흐름이 끊겨 시간이 오래 걸리는 법이거든요.

때 묻은 싱크대는 쓰고 남은 무나 오이 자투리 단면에 세제를 묻혀 닦으면 더 반짝반짝해집니다.

16 이제 물을 사용하는 청소는 다 끝났으니, 마지막으로 마른 걸레로 물기를 말끔히 없애주면 됩니다.

17 깨끗해진 싱크대를 보니 마음까지 투명해지는 것 같습니다. 무릇, 청소라는 것이 할 때는 힘들지만 이렇게 눈에 보이는 결과물이 나타날 때는 뿌듯한 법이지요.

주방바닥
닦기

01 주방 바닥은 못 쓰는 수 건을 사각으로 접어두었 다가, 물이 튈 때마다 발로 쓱쓱 닦아주면, 바로바로 물기를 제거 할 수 있어 편합니다.

02 기름때나 물때가 많이 묻 은 경우에는 스펀지나 마 른 천에 세제를 뿌린 뒤, 오염물 을 제거합니다.

03 마지막으로 마른걸레로 마무리합니다. 식용유 등 을 쏟았을 때는 밀가루를 솔솔 뿌린 후 제거하면 기름 흡수가 되어 잘 닦입니다.

04 기름때가 많이 묻는 가스 레인지 쪽 바닥의 오염물 은 쌀뜨물을 받아서 분무기로 마 른걸레에 뿌린 후, 닦으면 됩니 다. 오염물이 좀 더 쉽게 묻어나 고 광택까지 납니다.

05 주방의 잡내나 좋지 않은 공기는, 창문을 열어 환 기를 시킨 후, 후드를 틀어 없애 줍니다. 방향제보다는 탈취제가 냄새를 확실히 잡아주며, 양초를 켜두면 어느 정도 냄새가 옅어지 기도 합니다.

04

언제나 산뜻하게,
생활 가전 대청소

생활 가전은 말 그대로 우리 생활에 이제 떼려야 뗄 수 없는 관계가 되었습니다. 매일 사용하는 물건이니 만큼 한 번 오염되면 우리의 건강을 심하게 위협할 수 있습니다. 역시 주기적으로 대청소를 해주면 언제나 산뜻한 기분으로 사용할 수 있습니다.

냉장고 청소

01 | 주방 세제를 묻힌 젖은 행주로 내부를 깨끗이 닦은 다음, 마른 걸레로 마무리합니다.

02 | 세제 찌꺼기가 남아 있지 않도록 마지막에 마른행주에 에탄올을 묻혀 소독해 줍니다.

03 | 작은 틈새는 에탄올을 묻힌 면봉으로 닦아주세요.

04 | 선반이나 포켓은 따로 떼어 욕실에서 세제로 세척한 후, 마른걸레로 닦고 햇볕에 소독하는 것이 좋습니다. 큰 선반이나 채소 박스는 싱크대에서 청소하기엔 번거롭습니다.

05 | 냉장고 도어가 닿는 바닥도 의외로 오염이 많이 되므로 잊지 말고 닦아주세요.

06 | 도어포켓 역시 소다를 묻힌 행주로 닦아준 후 마른 행주로 마무리해줍니다.

07 | 냉장고 표면은 암모니아수를 희석한 물을 헝겊에 묻혀 닦으면 반짝반짝해집니다.

냉장고 냄새를 잡기 위해선 숯이나, 뚜껑을 연 소주, 냄새 제거제들을 두면 좋아요. 그런 제품들은 아래쪽에 두어야 위로 올라가는 나쁜 기운들을 흡수할 수 있으니 참고하세요.

08 | 청소 후 채소칸에 신문을 깔아두면 나중에 청소하기도 편하고 습기도 제거되어 좋아요.

밥솥 청소하기

01 | 매일 가족들의 밥을 책임지는 밥솥, 중요한 만큼 청소와 관리도 중요해요.

02 | 제일 먼저 밥솥을 물에 불립니다. 물에 불려지는 시간 동안 다른 청소를 합니다.

03 | 압력추의 뚜껑을 엽니다.

04 | 증기가 잘 빠져나갈 수 있도록 전용핀을 사용해서 청소합니다.

05 | 반드시 밥솥 옆에 함께 보관해두어야, 찾느라 고생하지 않는답니다.

06 | 면봉으로 압력추 부근을 깨끗이 청소합니다.

07 | 뚜껑 부분은 수세미로 세척해줍니다.

08 | 청소 후 깨끗해진 모습, 확인하실 수 있으시죠?

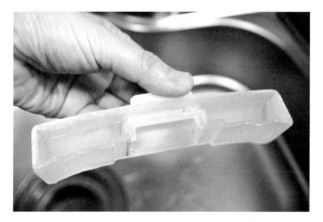

09 | 물받이 부분은 반드시 사용 후 바로 씻어주어야 합니다. 그렇지 않으면 밥에서 냄새가 날 수도 있습니다.

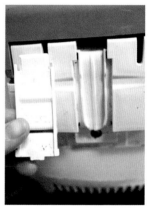

10 | 밥물이 흐르는 부분도 떼어서 청소하시고요.

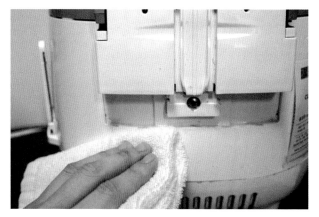

11 | 우선 따뜻하게 젖은 행주로 청소해준 후, 마른 행주로 마무리 합니다.

12 | 작은 홈에도 밥물이 끼어 있을 수 있으니 이쑤시개 로 청소해주세요.

13 | 나사 부분의 홈도 마찬가 지입니다.

14 | 구석구석 작은 공간은 면 봉으로 청소해줍니다.

15 | 작은 부분도 놓치지 마 세요.

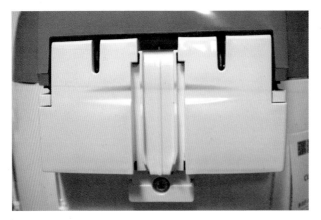

16 | 아주 깨끗해졌죠?

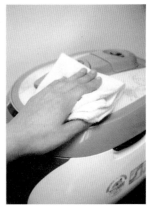

17 | 외관은 마찬가지로 젖은 행주로 닦아준 후, 마른 행주로 마무리합니다.

18 | 안쪽 부분도 잘 닦아주시고요.

19 | 안쪽 부분도 이제 깨끗해졌습니다.

20 │ 마지막으로 물에 불려진 밥솥과 커버를 주방 세제와 수세미로
깨끗이 세척합니다.

21 │ 밥솥과 분리형 커버, 밥
물받이는 매일 깨끗이 청
소해주시고 다른 부분은 가끔씩
정기적으로 청소하면 됩니다.

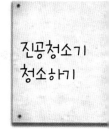

진공청소기
청소하기

01 │ 중요한 사실 중의 하나, 청소기도 청소해주어야 한다는 것입니
다. 우선 외관은 젖은 행주로 1차로 닦고, 마른행주로 2차 마무
리합니다.

02 | 그 다음 먼지통을 분리합니다.

03 | 입구가 넓은 비닐봉지에 먼지를 담습니다.

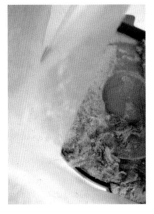

04 | 입구가 좁은 비닐은 넣기가 힘드니 유의하세요.

05 | 바닥에 붙어 있는 먼지 찌꺼기는 물티슈로 제거합니다.

06 | 그런 다음 마찬가지로 마른행주로 마무리하는 것,
잊지 마세요.

07 | 먼지통 안쪽도 잊지 말고 닦아주시고요.

08 | 가장 중요한 필터입니다.

09 | 커버에서 분리해내면 이렇게 필터가 나옵니다. 모든 가전제품에서 가장 중요한 것이 필터이기 때문에 특히나 관리를 철저하게 해주어야 합니다.

10 | 먼저, 흐르는 물에 먼지를 제거합니다.

11 | 그리고 구석구석, 빼놓지 말고 이쑤시개로 필터 틈 사이사이의 먼지를 깨끗하게 제거합니다.

12 | 물에 젖었기 때문에 필터를 바로 끼우면 안 되고 볕 좋은 베란다에 하루 정도 두어 바짝 건조시킨 후 다음 날 청소할 때 부착하면 됩니다.

13 | 관리와 청소만 잘하면, 10년이 지나더라도 새것 같은 청소기로 청소할 수 있으니 평소에 청소기도 청소해주세요.

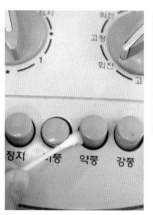

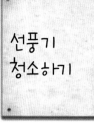

선풍기
청소하기

01 | 여름이 되면 꼭 필요한 선풍기, 하지만 의외로 선풍기 청소하는 방법을 모르는 분이 많더라고요.

02 | 다른 가전 제품과 마찬가지로 외관을 1차 젖은 행주, 2차 마른행주로 닦아줍니다.

03 | 홈이 있는 곳은 면봉으로 청소해주시고요.

04 | 커버를 분리해줍니다.

05 | 이 선풍기는 몇 년이 지난 것이지만 요즘 선풍기는 분리가 쉽게 되도록 나와 있으니, 어렵지 않을 거예요.

06 | 중간 커버를 돌려서 벗겨 냅니다.

07 | 날개 분리한 모습이에요.

08 | 두 번째 링을 분리합니다.

09 | 뒤 판까지 분리한 모습이에요.

10 | 분리하는 것이 그다지 어렵지 않지만 여자들은 조립하는 것을 힘들어하기도 하니 남편의 도움을 받는 것도 좋아요.

11 | 분리된 뒤 판을 마찬가지로 잘 닦아줍니다.

12 | 선풍기 커버의 틈 사이는 세제와 칫솔을 이용해서 청소해줍니다.

13 | 마른행주로 잘 닦아주는 거, 잊지 않으셨죠?

14 | 날개 부분 역시, 1차 젖은 걸레, 2차 마른걸레로 청소해줍니다.

15 | 먼지 하나 없이 말끔하게 청소된 모습입니다.

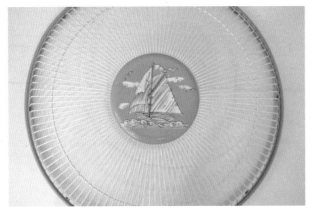

16 | 커버 역시 깨끗해졌습니다.

17 | 가까이서 클로즈업해봐
도 먼지 하나 없습니다.

18 | 청소가 끝나면, 처음에
분리했을 때와는 역순으
로 조립하면 됩니다.

19 | 여름이 끝나고 들여놓을
때는 반드시 선풍기 커버
를 씌워서 보관하세요.

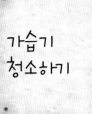

가습기
청소하기

01 가습기는 제대로 관리하지 않으면 오히려 세균을 퍼트리는 온상이 됩니다. 가습기의 외관을 1차 젖은 걸레, 2차 마른걸레로 닦아주시고요.

02 진동자가 있는 곳은 전용 솔로 깨끗이 닦아주어야 합니다.

03 가습기에 넣을 물에 식초를 적당량 넣어주시면 좋습니다.

04 각 가습기마다 다르지만 필터의 수명이 정해져 있어 그 기간이 지나면 반드시 교체해주어야 합니다. 그렇지 않으면 필터의 기능이 저하되고 가습력이 떨어지게 됩니다.

05 가습기 통은 물로만 헹구고 뒤집어 바짝 건조시킨 후 사용하면 됩니다.

가습기를 사용할 때에는 머리맡에 두면 안 되고, 의자 위에 가습기를 두어 위에서 아래로 수증기가 흐르도록 해야 합니다. 수증기가 가구 쪽으로 흐르게 두면, 가구에 습기가 차서 상할 수 있으니 주의하시기 바랍니다.

진동자를 청소할 때 주의해야 할 것은 절대로 세제를 사용하면 안되고 젖은 솔만 사용해야 한다는 것이에요. 진동자는 아주 민감해서 소량의 비누나 세제가 들어가도 작동하지 않을 수 있습니다.

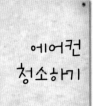

에어컨
청소하기

01 우선, 실외기는 먼지가 쌓이면 냉방 효과가 떨어지므로 주기적으로 청소해주어야 하는데, 물을 뿌려가며 먼지를 제거해주면 됩니다.

02 외관은 부드러운 헝겊을 미지근한 물에 적셔 꼭 짠 후 닦습니다. 2차로 마른걸레로 마무리해주는 것, 잊지 않으셨죠?

03 에어컨 청소 시에는 반드시 전원 플러그를 빼고 청소해야 합니다. 필터를 에어컨에서 빼냅니다.

04 흐르는 물에 세척하거나 진공청소기로 먼지를 없애줍니다. 단, 브러시 같은 것으로 비벼 빨면 망가지니 주의하세요.

05 직사광선이 닿지 않도록 주의하면서 말립니다.

06 | 마지막으로 필터를 장착 하면 됩니다. 2주에 한번 씩 청소해주는 게 좋고, 먼지가 많은 환경에서는 더 자주 청소해 주세요.

07 | 먼지거름필터를 빼냅니다.

08 | 커버를 열면 먼지거름필터가 나옵니다.

09 | 마찬가지로 흐르는 물에 세척하거나 진공청소기 로 먼지를 제거해주세요. 먼지가 심할 경우에는 중성 세제를 탄 미 지근한 물로 살짝 씻으면 됩니다.

10 직사광선이 닿지 않는 곳에서 완전히 말려줍니다.

11 마지막으로 에어컨에 끼워줍니다.

12 간단하게 에어컨 냉각팬에 붙어 있는 먼지와 세균을 제거해주는 에어컨 살균탈취제를 사용해도 됩니다. 전원을 끈 상태에서 충분히 흔든 후 5~10cm 거리를 두고 분사합니다.

식기세척기 청소하기

01 세척기 바닥에 있는 필터는 세척 과정에서 나온 오물들이 모이는 곳이기 때문에 반드시 매회 사용 후 점검하고 청소해야 합니다.

02 먼저 소형필터를 분리해 오물을 제거합니다.

03 필터 손잡이를 반시계 방향으로 돌려 풀어서 꺼냅니다.

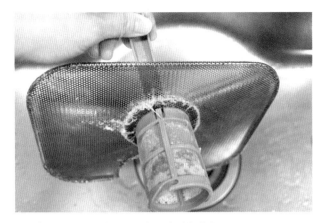

04 | 오염물과 찌꺼기가 많이 묻어 있습니다.

05 | 브러시나 칫솔을 사용하여 오염물을 제거하고 흐르는 물에 깨끗이 씻습니다.

올바른 식기 세척기 사용법

01 식기를 넣을 때에는 일차로 음식물 찌꺼기를 가볍게 제거한 후 밥그릇, 국그릇, 컵, 냄비 등과 같이 오목한 식기류를 거꾸로 세워 넣습니다. 수저는 수저 전용칸에 손잡이 부분이 아래로 향하도록 넣고요. 바닥이 깊고 좁은 식기류는 경사지게 두어 물이 잘 닿을 수 있도록 놓으면 됩니다.

식기세척기는 하부에 상부보다 강한 물살이 분사되므로 오염도가 많은 식기를 하부에 배열하세요. 나무로 된 목기류나, 수공예품 식기, 크리스탈, 플라스틱, 은, 알루미늄, 금은 도금 식기류 등은 변색이나 파손될 수 있으니 주의하시기 바랍니다.

아무리 식기세척기라도, 음식물이 눌어붙은 프라이팬이나 불판, 립스틱 자국이 있는 그릇은 잘 닦이지 않으니 손 설거지를 해야 합니다.

02 세제는 반드시 식기세척기 전용 세제를 사용하여야 합니다. 일반 세제는 거품이 많아 고장의 원인이 됩니다. 그리고 세제를 넣기 전 세제투입구의 물기는 반드시 제거해주어야 합니다. 그렇지 않으면 세제가 눌어붙어서 잘 나오지 않습니다.

03 린스는 건조 효과를 높이고 식기의 광택을 내는 기능을 합니다. 마찬가지로 반드시 식기세척기 전용 린스를 사용하여야 합니다.

06 | 깨끗하게 청소가 되었습니다.

07 | 물이 분사되는 노즐도 가끔씩 분리해서 점검해야 합니다.

08 | 노즐이 막힌 곳은 긴 도구나 이쑤시개를 이용하여 뚫어주면 됩니다.

가전제품 매뉴얼 보관하기

저는 제 가전제품으로 청소 방법을 설명했지만 각 가정마다 가전제품이 다르니 각기 청소 방법도 다를 거예요.

그렇다면, 어떻게 해야 할까요?

방법은 가전제품들의 사용설명서를 잘 보관하고 읽어보는 것이랍니다.

대한민국 70%의 주부들이 사용설명서를 잘 읽지 않는다고 해요. 하지만 여러분들만이라도 꼭 사용설명서를 잘 보관하고 문제가 있을 때나 청소를 할 때 잘 활용하시기 바랍니다.

사용설명서도 그냥 주먹구구식으로 보관하지 마시고, 필요할 때 바로 찾아쓸 수 있도록 수납하시기 바랍니다.

01 우선 가전제품, IT제품, AV제품 등 세 가지 정도로 분류하세요. 그 다음, 3~4가지 정도 비슷한 것끼리 지퍼백에 넣습니다. 지퍼백 앞에는 어떤 설명서들이 들어있는지 라벨링하시고요.

02 마지막으로 가전제품들만 분류한 지퍼백들을 지퍼 파일에 한꺼번에 넣습니다.

03 지퍼 파일 맨 앞에는 어떤 설명서가 들어있는지 순서대로 라벨링합니다.

04 가전제품 사용설명서의 분류가 완성된 지퍼 파일입니다.

05 위의 과정들을 거친 AV제품 설명서입니다.

06 지퍼 파일 앞에 라벨링한 모습.

07 전면에도 라벨링해주고 언제든 필요할 때 찾기 쉽도록 책꽂이에 꽂아두면 됩니다.

05

거실, 방 청소

휴식은 아늑하게,
거실 & 방 대청소

집에 들어오면 대부분의 시간을 거실, 방에서 보냅니다. 집에 들어섰을 때 깨끗한 거실, 방을 보면 안정된 마음으로 하루의 피곤함을 풀 수 있습니다. 그런데 너저분하게 널려 있는 책, 빨래, 쓰레기가 당신을 맞이한다면? 없던 짜증도 생길 수밖에 없습니다. 청결한 환경을 위해서라도 신경을 써야 한다는 사실을 잊지 마세요.

01 우선, 청소기를 한번 돌려주세요.

02 그리고 분사기에 물을 넣어 공중에 한 번 뿌려주면, 청소 후 공기 중에 흩어져 있는 미세 먼지가 가라앉는답니다.

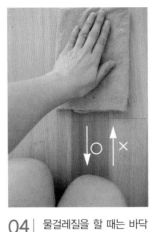

걸레는 손바닥으로 훔칠 정도 크기의 사각으로 접어서, 조금 더러워지면 다른 쪽으로 접어 계속 깨끗한 면으로 닦으면 됩니다. 그리고 걸레질이 끝나고 나서는 반드시 삶아서 소독해야 합니다.

03 | 그 다음 물걸레질을 시작하는데요. 사실, 물걸레질을 잘못하면 오히려 세균이 더 퍼질 수 있답니다. 우선 깨끗한 걸레를 3~4개 준비해서 교대로 닦아주세요.

04 | 물걸레질을 할 때는 바닥의 결방향 대로 청소하되, 걸레가 자기 몸 쪽으로 오게 뒷걸음치며 해야 합니다. 걸레 방향으로 몸이 움직이면, 자신이 방금 깨끗하게 청소한 곳을 무릎이나 옷으로 다시 더럽히는 결과를 낳게 되거든요.

걸레 깨끗이 삶기

01 걸레는 반드시 삶아서 소독해야 하는데, 우선 애벌 빨래해서 대충 빤 후 세탁 세제와 함께 냄비에 넣으세요. 물은 끓어 넘치지 않도록 냄비의 2/3 정도만 넣으면 됩니다. 냄비에 넣을 때는 걸레를 길게 접어 또아리를 틀 듯해서, 가운데는 비어 있도록 바깥쪽으로 빙 둘러서 넣어주세요.

02 소금이나 베이킹소다 한 스푼을 넣어주면, 오염이 훨씬 많이 제거됩니다.

03 뚜껑은 반드시 닫고 삶아야 하는데, 열고 삶으면 산화되어 누렇게 변색될 수 있습니다. 끓으면 가끔 집게로 뒤적여주세요. 물이 끓으면 중·약불로 낮추어 넘치는 것을 방지해주세요. 다른 행주나 속옷, 수건 삶을 때도 참고하세요.

06

소품활용

어디서나 편리하게,
먼지떨이 사용법

먼지떨이로 탁탁 털면 오히려 공기 중에 먼지가 더 날릴 것 같아 꺼려
했었는데요. 요즘엔 특수 화학실로 만든 흡착식 먼지떨이가 나와 있어
손쉽게 청소할 수 있습니다. 흡착된 먼지는 가볍게 털어내면 되고요.
더러워졌을 때는 세탁만으로 새것처럼 된답니다.

01 | 이렇게 키보드 위에 쌓인 먼지 청소도 가능하고요.

02 | 손이 닿기 어려운 에어 컨, 냉장고 위의 먼지도 손쉽게 제거할 수 있답니다.

03 | 자칫 지나치기 쉬운 책 위에 쌓인 먼지도 먼지떨 이로 간단하게 청소 끝~.

04 │ 홈이 많이 파인 장식 소
　　품의 먼지도 쉽게 제거됩
니다.

05 │ 장롱 밑에 쌓여있는 먼지
　　도 깔끔하게 없애주지요.

06 │ 바닥 청소 시에는 방비처
　　럼 쓸어서 사용하고요.
먼지 제거 시에는 원을 그리듯
문질러주면 됩니다.

다양한 청소용품 살펴보기

사실 저는, 살림을 10년 넘게 하면서 오로지 청소기와 물걸레만을 사용해왔어요. 물걸레질이 몸은 힘들긴 하지만, 오염 제거가 확실히 되고, 구석구석까지 청소할 수 있거든요.

그런데 물걸레질을 오랫동안 하면 무릎도 아프고, 허리도 아프고, 걸레를 빨 때 손목도 시큰거리고, 매번 삶아서 소독해야 하는 등 번거로운 일이 많습니다.

주부들에게 힘든 물걸레질만 하라고 강요하면 안되겠죠?

밀대걸레

01 대걸레도 여러 가지 제품이 있는데, 제가 선택한 제품은, 방향조절이 자유롭고, 걸레의 탈부착이 편하며, 오염 제거에 탁월하고 삶을 필요가 없는 극세사 걸레입니다.

빨간 걸레는 마른걸레용이고, 파란 걸레는 젖은 걸레용입니다. 벨크로가 붙어 있어 걸레 교환이 편하고, 청소할 때는 밀림도 없고 잘 떨어지지도 않습니다.

02 저가의 중국 제품은 봉 자체도 약하고 극세사 걸레도 부실한 경우가 많으므로 인지도 있고 상품평이 좋은 국산 제품으로 선택했습니다.

03 걸레 자체를 물에 적시는 것보다 분사기에 물을 넣어 걸레에 뿌려주는 것이 좋습니다.

04 바닥의 결방향대로 열심히 청소해보았어요.

05 사진 상으로 잘 나타나진 않지만, 오염이나 머리카락 제거가 잘됩니다.

06 좁은 틈이나, 구석진 곳, 천장 같은 곳도 청소할 수 있으며, 체형에 맞게 봉 길이도 조절되어 편합니다.

젖은 걸레용으로 닦고 나서 마른걸레로 마무리하면 되는데, 정전기 효과로 흡착이 잘 되므로 쌓인 먼지나 머리카락을 청소하는 데 탁월합니다.

흔히 극세사라고 하는 마이크로 파이버는, 실 한 가닥 굵기가 머리카락 굵기의 1/100 이하인 미세한 산소계 섬유로 흡수력이나 닦임성이 탁월해 오염 제거 능력이 좋습니다.

07 대걸레를 구입할 때 같이 온 여분의 패드를 번갈아 교환하여 청소할 수 있어 편하고, 청소하고 나면 삶을 필요 없이 손빨래하거나 세탁기에 넣으면 됩니다.

직접 대걸레로 청소해보니, 물걸레질만큼의 개운함은 없지만 청소 효과도 있고 무엇보다 무릎을 구부리지 않고 청소할 수 있어 편합니다.

버튼 하나만 눌러주면 되기 때문에, 몸이 좋지 않거나 많이 바쁠 때 편합니다. 로봇청소기를 사용할 때는, 어느 정도 집안 살림을 정리해 바닥에 걸리는 것이 없도록 해야 하고, 청소기가 들어가지 않도록 화장실 문이나 베란다 문은 닫아주어야 합니다. 그리고 청소 시간이 1시간 이상 걸리기 때문에, 외출 시 작동시키면 시간이나 소음에 신경 쓰지 않아도 돼서 편합니다.

사람이 청소하는 것만큼 완벽하진 않지만 어느 정도의 먼지나 머리카락, 미세 먼지 제거에 탁월합니다. 로봇청소기는 청소가 끝나면 그때마다 청소기 자체를 청소해주어야 합니다.

01 마트에서 야채나 과일 담아온 비닐은 버리지 않고 꼼꼼히 수납해둔답니다.

그중에서 입구가 넓은 봉투를 사용해서 먼지가 날리지 않도록 로봇청소기의 먼지들을 넣어주세요.

02 미세먼지필터도 톡톡톡 두드려서 먼지가 날리지 않도록 비닐에 넣어주시고요.

03 하지만, 로봇청소기는 물로 씻을 수 없어 남아 있누 먼지들을 깨끗이 제거할 수 없어요.

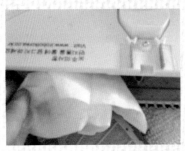

04 물을 묻힌 키친타월이나 물티슈로 되도록이면 물기가 남아 있지 않도록, 조심조심 빠르게 먼지를 제거하세요.

05 한 번 더 휴지로 물기를 깨끗이 제거해줍니다.

06 먼지통 말고 미세먼지통에는 진공흡입모터가 내장되어 있어, 물티슈 사용도 문제가 될 수 있으므로 일반 티슈로 살짝 닦아줍니다.

07 로봇청소기용 빗으로 브러쉬에 끼인 머리카락들을 제거해줍니다.

08 앞바퀴는 이쑤시개나 면봉을 이용하여 이물질을 제거해주고, 너무 많다면 나사를 분리하여 남아 있는 이물질을 제거해줍니다.

09 먼지인식센서도 면봉을 이용하여 닦아 줍니다.

각 청소용품의 장·단점을 정리해보면 다음과 같습니다.

청소용품	장점	단점
물걸레질	• 가장 확실한 먼지 제거와 청소 효과가 있다. • 구석구석까지 청소할 수 있다.	• 무릎이 아프고, 시간이 많이 걸린다. • 걸레를 삶고 소독해야 하는 번거로움이 있다.
대걸레 청소	• 무릎이나 허리가 아픈 게 덜하고 빠른 시간 내에 청소할 수 있다. • 걸레를 삶거나 소독하지 않아도 된다.	• 극세사 걸레에 자주 물을 뿌려주어야 하는 번거로움이 있다. • 팔에 힘이 많이 들어간다.
로봇청소기	• 컨디션이 좋지 않거나 많이 바쁠 때, 버튼 하나만 누르면 청소가 되므로 간편하다.	• 구석구석 미세한 곳까지 청소하지 못하고, 자주 청소기 자체를 청소해주어야 한다. • 배터리나 부품들이 소모성이라 나중에 별도의 비용이 든다.

청소 방법마다 각각의 장점과 단점이 있습니다.

자신의 라이프스타일에 맞추어, 평소에는 청소기나 로봇청소기로 먼지를 제거해주고 2~3일에 한 번 정도는 밀대 청소, 일주일에 한두 번 정도는 물걸레질을 하는 식으로 융통성 있게 청소해주면 힘도 덜 들고 깨끗한 실내 환경을 유지할 수 있습니다.

먼지 없이 상쾌하게, 패브릭 제품 대청소

패브릭 제품은 포근한 느낌을 주고 가격도 저렴하지만 청소를 게을리 하면 털 사이에 먼지가 껴서 건강을 해치고, 습기 찬 날에는 퀴퀴한 냄새도 납니다. 패브릭 제품도 여기서 알려주는 몇 가지 팁만 알고 있으면 어렵지 않게 항상 산뜻하게 사용할 수 있답니다.

카페트 청소하기

01 베이킹소다를 솔솔 뿌리고, 15분 정도 지나고 청소 해주면, 소다의 흡착과 탈취 효과 덕분에 먼지와 냄새가 제거됩니다. 베이킹소다 대신 굵은 소금을 뿌려도 괜찮습니다.

02 카페트 전용 노즐을 끼워 청소해도 되는데, 카페트 전용이 없다면 청소 세기를 '강'으로 조절한 후 살짝살짝 떼듯이 청소합니다.

**패브릭 소파
청소하기**

01 패브릭 소파를 청소할 때는 우선 깨끗한 고무장갑에 물을 적신 후, 소파 결방향 대로 쓸어내립니다.

02 눈에 보이지 않던 작은 먼지와 오염물이 묻어 나오는 게 보이죠?

03 패브릭 전용 청소기나 핸디청소기로 조심스레 먼지를 제거합니다.

가죽 소파는 직사광선을 가장 조심해야 하고, 땀에 젖은 몸으로 앉으면 탈색되므로 주의해야 합니다.

오염이 생겼을 때는 반드시 가죽용 세척제나 콜드크림을 사용해야 하며, 평상시에도 부드러운 천으로 가볍게 닦아주면 좋습니다.

소파 패드나 방석을 사용하면 분위기도 바꿀 수 있고, 커피나 오염물이 쏟아졌을 때도 빠르게 응급처치할 수 있으니 사용해보는 것도 좋을 듯합니다.

04 고무장갑으로 제거되지 않았던 미세 먼지까지 깨끗이 제거됩니다.

05 오염이 되면 즉시 물만 묻힌 천이나 물티슈로 살살 오염된 곳을 닦습니다. 오염이 심하지 않은 것은 잘 지워집니다.

06 | 오염이 흔적도 없이 사라졌어요.

07 | 마른 천으로 꾹꾹 눌러서 말려주면 됩니다.

08 | 오염 상태가 심하고 오래된 것일 때는 중성세제를 묻힌 후 문지르지 말고 살짝 훔쳐내면 되는데 마르고 나면 세제 찌꺼기나 흔적이 미세하게 남을 수 있어요.

극세사 장갑으로 청소하기

01 거실에 있는 소품을 닦을 때는 극세사 장갑을 끼고 닦으면 편합니다.

02 한번 인터폰 케이스를 닦아볼게요.

03 극세사라 먼지 제거에 탁월하고, 장갑 형식이기 때문에 구석구석 청소하기도 편합니다.

04 극세사 장갑으로 닦을 수 없는 미세한 곳의 먼지는 면봉과 이쑤시개로 청소하면, 거실 청소 끝~.

08

물때 없이 말끔하게,
화장실 대청소

욕실 청소의 키포인트는, 샤워나 목욕 후 바로 한다는 것입니다. 수증기로 물기 가득한 욕실은 청소하기에 안성맞춤입니다. 게다가 따로 청소하는 시간을 갖는다고 생각하면 부담스럽지만, 목욕 후 바로 하면 일의 처리도 빠릅니다. 욕실 청소의 동선은 천장 → 욕조 → 세면대 → 변기 → 바닥 → 마른걸레로 마무리 → 환기 순서로 하면 되고, 청소용품 역시 베이킹소다, 식초, 치약, 브러시, 헌 칫솔이면 충분합니다.

01 유리 닦이의 스펀지 부분으로 천장을 닦습니다.

02 바닥의 머리카락을 제거해 줘야겠죠?

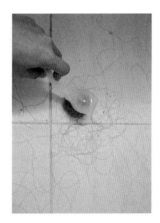

03 머리를 감고 나서, 수건이나 빗, 세면대에 묻은 머리카락까지 모두 바닥에 떨어뜨린 후, 브러시로 원을 그리듯이 둥글게 쓸어 모아주세요.

04 | 배수구에 있는 머리카락도 잊지 마시고요.

05 | 이렇게 머리카락이 모두 모아진답니다.

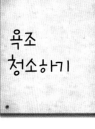

욕조
청소하기

01 | 욕조의 배수구는 작으므로 칫솔로 청소해주세요.

02 | 브러시와 칫솔에 묻은 머리카락은 휴지통에 버려주세요.

03 | 브러시에 머리카락이 끼여 잘 안 빠질 때가 있어요. 그럴 땐, 칫솔로 빼면 잘 빠집니다. 칫솔은 작아서 휴지로 그냥 빼도 쏘옥 빠져요.

01 | 욕실은 습기가 가득 차 있다 보니 니켈로 되어 있는 욕실용품에 녹이 슬기 쉬워요. 이때 만능 청소용품 베이킹소다로 닦으면 됩니다.

02 | 천에 베이킹소다를 적당량 묻힌 후, 녹이 있는 곳을 깨끗이 닦아내세요.

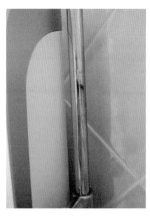

03 | 놀랄 정도로 깨끗해졌죠? 그 많던 녹이 하나도 보이지 않는군요.

04 | 보통 욕실 타일 벽면에 선반이 한두 개쯤 달려 있을 텐데요.

05 | 욕실용품을 들어내보면 바닥이 물기와 오염으로 더럽혀져 있는 걸 볼 수 있어요.

06 | 베이킹소다를 묻힌 천으
로 닦아내면 말끔해진 바
닥을 볼 수 있습니다.

07 | 샤워기의 수압이 약해졌
다면, 물때가 끼어 있는
것일 수 있어요. 니켈로 되어 있는
샤워기는 중성세제를 희석한 물에
담구어 물때를 제거해주세요.

샤워기가 니켈로 되어
있는 경우, 식초를 사용하면
변색될 수 있어요.
플라스틱으로 되어 있는 샤워
기는 따뜻한 물 1ℓ에 식초 1컵
을 섞어 한 시간 정도 담가두
었다가 건져내면 깨끗하게 됩
니다.
식초가 물때의 주성분인 칼슘
을 분해해주기 때문이지요.

08 | 칫솔로 샤워기를 문지른
후 헹궈 물때를 제거해주
세요.

09 | 구멍은 이쑤시개로 청소
하면 훨씬 깨끗해집니다.

세면대
청소

01 배수관에 물이 잘 안 내려가고, 악취가 난다면 머리카락이나
물때, 오염물이 가득 찼기 때문입니다. 이럴 때는 배수관을 따
로 분해하지 않고서도 머리카락을 제거할 수 있는 도구를 사용하면 됩
니다. 가격도 2~3천 원으로 저렴하고 사용법도 간단해요.

02 그냥 세면대 뚜껑 틈으
로 넣었다가, 오염물이
튀지 않도록 조심스럽게 꺼내면
됩니다.

03 이런 도구가 없다면 베이
킹소다 1컵과 식초 1컵을
배수구에 부어 거품이 생기길 기
다렸다가 뜨거운 물을 붓고 뚜껑
을 닫아 놓아도 됩니다.

04 그래도 되지 않는다면 마
지막 방법으로 배수관을
분해합니다.

05 배수관이 노출되어 있는
욕실도 많은데, 저희 집
처럼 도기가 있는 곳은 우선 스
패너로 분해를 해주면 됩니다.

06 | 나사를 풀어서 분해한 모습이에요.

07 | 배수관의 연결고리를 왼쪽으로 돌려서 조심스럽게 풀어주세요.

08 | 이렇게 분리가 되겠죠?

09 | 그럼 위쪽의 뚜껑이 이렇게 빠집니다.

10 | 우선 길이가 길고 폭이 좁은 솔로 물 내려가는 곳을 청소해주세요.

11 | 직선으로 넣어서 둥글게 싹싹 오염물을 닦아내면 됩니다.

12 | 이렇게 머리카락과 오염물이 딸려 나옵니다.

13 | 그리고 뚜껑에 묻어 있는 오염물과 찌꺼기는 칫솔로 깨끗이 닦아주세요.

14 | 청소가 다 끝났으면, 분해하는 역순으로 다시 조립해주면 됩니다. 뚜껑을 수평으로 맞추어 구멍에 넣으세요.

배수관 청소 시, 혼자서 하는 것보다 남편에게 도움을 청하는 게 좋을 듯해요. 확실하게 하고 싶다면, 대형 스패너로 U자 배수관까지 분해해서 더 깨끗이 해주어도 됩니다.

15 | 아래의 배수관 귀에 잘 끼워 맞춰졌는지 확인합니다.

16 | 연결 고리를 조립할때, 너무 꽉 막으면 뚜껑이 잘 안 움직이고 너무 헐겁게 하면 물이 샐 수 있으니, 몇 번 뚜껑을 넣었다 뺐다 하면서, 강약 조절을 해주세요.

17 | 뚜껑이 잘 맞춰졌는지 마지막으로 확인합니다.

18 | 스패너를 오른쪽으로 돌려 도기를 조립하면 끝.

19 | 칫솔에 치약을 묻혀 수전 뒤쪽은 물론이거니와, 이렇게 물이 나오는 아래쪽도 잊지 말고 닦으세요.

빗, 양치컵 세척하기

01 빗도 정기적으로 잊지 말고 세척해주세요. 칫솔에다 샴푸를 묻혀 빗 사이에 있는 머리카락과 때를 제거해주면 됩니다. 헌 칫솔도 오염물을 제거하는 것과 이렇게 깨끗하게 사용해야 하는 것을 구분해서 사용해주세요. 빗을 더러운 오염물을 제거한 칫솔로 닦을 순 없잖아요? 칫솔에 따로 네임펜으로 분류해서 적어두면 헷갈리지 않습니다.

02 브러시용 빗도 깨끗이 닦아주시고요.

03 양치컵은 자칫하면 무심코 지나칠 수 있어요. 하지만 이렇게 컵 바닥에 물때가 끼어 있으니 정기적으로 세척해주세요. 설거지할 때 같이 한 번씩 컵을 닦아주면 됩니다.

01

02

03

  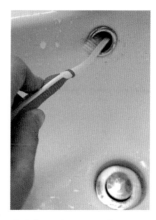

20 | 잠시 물을 틀어놓고 밸브 틈도 잊지 말고 닦아주세요. 손이 가지 않아, 의외로 물때가 많이 끼는 곳입니다.

21 | 뚜껑도, 뚜껑 홈도 열심히, 열심히 닦으세요.

22 | 세면대 위쪽 홈도 잊지 말고 닦으세요.

01 │ 변기용 세제를 부은 다음
변기 안쪽의 홈을 깨끗이
닦으시고,

02 │ 변기 바닥도 깨끗이 닦으
세요.

03 │ 물 내려가는 곳은 특히
오염이 많이 묻어 있으니
더 신경 써서 닦아주세요.

04 │ 정말 깨끗해졌네요.

05 │ 비데는 노즐을 청소해주
지 않으면 오히려 건강에
좋지 않으니 잊지 마세요. 살짝
노즐을 꺼낸 후, 베이킹소다를 묻
힌 칫솔로 조심조심 닦아주세요.

변기솔은 1회용도 있지
만, 일반 솔을 쓸 경우는 3개
월에 한 번씩은 교환해주는 것
이 좋아요. 변기솔 교환일을 3
월 1일, 6월 1일, 9월 1일, 12
월 1일 식으로 기록해두면 기
억하기 편할 겁니다.
그리고 사용하고 나면, 반드시
펄펄 끓는 물을 부어서 소독한
후 물기를 제거하고, 햇볕에
말리는 것도 잊지 마세요.

변기 안쪽이 너무 더러워져서
잘 안 닦일 때는, 휴지에 세제
를 흠뻑 묻혀 변기 안에 붙인
다음 오염물이 휴지에 붙어나
면 그때 떼어내고 청소해주면
됩니다.

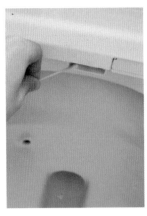

06 | 노즐이 나오는 홈은 면봉
으로 닦아주세요.

07 | 이렇게 오염물이 의외로
많이 나옵니다.

08 | 비데는 물청소를 하면 안
되기 때문에, 항균 변기
티슈로 닦아주세요. 비데가 아닌
분들은 그냥 물청소를 해주어도
무방합니다.

09 | 변기 티슈로 변기를 닦아
주세요.

10 | 앉는 곳은 더 신경 써서
깨끗이 닦아주세요.

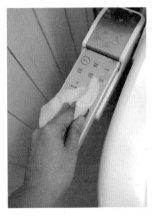

11 | 리모콘도 함께 청소해주
세요.

12 | 시트 아래쪽도 닦고,

13 | 깨끗한 마른걸레로 마무리해주면 됩니다. 아무래도 변기는 따로 청소한다기보다 일상 속에서 되도록 자주 청소하는 것이 좋아요.

변기가 막혔을 경우

01 여러 가지 이유로 변기가 막힐 때가 있는데요.

보통 '뚫어뻥'이라고 하는 압축기를 사용하거나, 변기 뚫는 약품을 많이 사용할 거예요.

그것도 없다면 급할 때는, 변기 솔에 비닐을 묶어서 물 내려가는 곳을 펌프질하는 방법도 있어요.

하지만 그걸로도 효과가 없을 때 철물점에서 파는 1만 원대의 '만능 관통기'라는 게 있답니다. 전문가를 부르는 그 비용이 만만찮기에 이런 도구 하나쯤 두면 효과적입니다.

02 긴 노즐이 안쪽까지 들어가서 막힌 것을 뚫는 것인데, 넣을 때는 오른쪽으로 손잡이를 돌리면 되고, 빼낼 때는 왼쪽으로 손잡이를 돌리면 됩니다.

도구도 중요하지만 평소에 변기 안에 휴지나 물티슈 등 다른 오염물을 넣지 말고 항상 변기 뚜껑을 닫아서 실수로 칫솔이나 다른 물건들이 들어가지 않게 예방하는 것이 중요하겠죠?

01 | 요즘은 욕실 인테리어도
다양해져서 나무 가구를
두거나, 나무 패널을 대는 곳도
있는데 나무 제품에 오염이 묻었
을 때는, 천에 상한 우유를 부어
닦으면 됩니다.

02 | 나무 패널에 군데군데 묻
은 오염물이 보이죠?

03 | 한번 닦아볼게요.

04 | 짠~남김없이 깨끗해졌
답니다.

상한 우유의 지방분이
나무 패널에 윤이 나게 해주는
데다가, 암모니아 성분이 있어
오염물을 제거해줍니다.

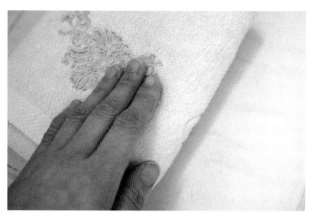

타일 틈새
곰팡이
제거하기

01 곰팡이 제거가 힘들게 느껴진다면 시중에 나와있는 곰팡이 제거겔을 사용하는 것도 좋습니다.

02 먼저 타일 틈새에 물기를 완전히 제거합니다.

03 겔을 적당히 뿌려줍니다. 겔이 마르는 시간이 필요하기 때문에 일상 생활을 하는 낮보다는 자기 전에 바르는 것이 좋습니다.

04 자고 일어나서 겔을 제거하고 나면 이렇게 깔끔하게 오염과 곰팡이가 없어진답니다.

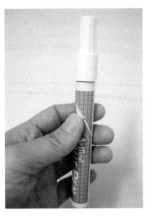

01 | 욕실 타일 틈새 곰팡이 제거에 곰팡이겔도 있지 만 타일줄눈 보수제도 있습니다. 곰팡이를 제거한다는 개념보다는 수정액처럼 덧바른다고 보면 됩 니다.

02 | 오랜 세월이 흘러서 잘 지워지지 않는 타일 틈새 에 오염물들이 있습니다.

03 | 우선 물기가 없도록 잘 닦아주시고요.

04 | 보수제를 위아래로 몇 번 흔들면 액이 나옵니다.

05 | 틈새에 매직펜을 사용하 듯 두세 번 발라주기만 하면 끝입니다. 타일에 묻은 것은 화장지로 닦으면 됩니다.

06 | 간편한 줄눈 보수제로 마 치 새 화장실이 된 것처 럼 깔끔해졌습니다.

01 바닥 배수구에 베이킹소다를 솔솔 뿌린 후 뚜껑부터 브러시로 닦으세요.

02 뚜껑을 들어낸 후 안쪽도 말끔히 닦습니다.

03 거름망을 들어냅니다.

04 거름망이 있던 곳의 홈쪽도 잊지 말고 청소해주세요.

05 손길이 잘 닿지 않는 안쪽도 깨끗이 닦으세요.

06 거름망의 오염물과 찌꺼기가 온갖 세균과 악취의 근원입니다.

07 베이킹소다를 묻힌 칫솔로 거름망의 바깥쪽, 안쪽, 홈 부분 등을 신경 써서 닦아 주세요.

08 자~ 청소를 하고 난 후 거름망의 모습입니다. 마치 새 옷을 갈아입은 것처럼 말끔한 모습에 기분이 좋아지네요.

09 욕조의 물이 내려가는 배수구입니다.

거름망 오염 물질 처리법

거름망의 머리카락과 오염 물질은 너무 지저분해서 처리하기가 어려운데요.

일회용 장갑을 낀 후 오염물을 모으고 장갑을 뒤집어서 오염물을 버리면, 더러운 오염물을 손에 묻히지 않고 깔끔하게 버릴 수 있습니다.

10 | 베이킹소다를 묻힌 브러시로 뚜껑과 안쪽, 홈까지 깔끔하게 청소해주세요.

11 | 다 끝나고 나면 뜨거운 물을 흘려보내 소독해주세요.

12 | 식초를 흘려보내면, 악취를 예방할 수 있습니다.

집 안 하루살이 퇴치법

욕조 배수구를 통해 날벌레나 작은 하루살이들이 들어오는 경우가 많은데 저는 마트에서 파는 방충망 리필로 막아둡니다.

방충망 뒤는 리필에 같이 들어있는 강력 양면테이프를 붙여 고정시키면 됩니다. 붙일 때는 물기를 완전히 제거한 후 힘을 주어 단단히 붙이는 것이 좋아요. 아무래도, 물이 계속 흘러 내려가는 곳이라 접착력이 약해질 수 있으니까요. 이렇게 하면 날벌레가 들어오는 횟수가 적어집니다.

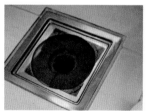

**욕실 바구니
청소하기**

01 전 아이들이 스스로 샴푸
나 샤워를 할 수 있도록
목욕용품을 물빠짐 바구니에 담
아 바닥에 두었답니다.

02 바구니나 목욕용품 역시
정기적으로 청소해줘야
합니다.

03 의외로 목욕용품 바닥도
물때로 더럽습니다.

04 바구니도 닦아주세요.

05 물건들이 깔끔해지면 기
분도 상쾌해집니다.

06 목욕용품과 바구니도 마
치 샤워를 끝낸 듯한 모
습입니다.

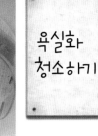

욕실화 청소하기

01 | 욕실화도 한 번씩 목욕을 시켜주세요.

02 | 보통 욕실화는 미끄럼 방지를 위해 바닥이 올록볼록 하게 생긴 경우가 많아 물때를 제거하기가 난감합니다.

03 | 욕실화 발 닿는 쪽은, 베이킹소다를 솔솔 뿌린 후 브러시로 닦아주세요.

04 | 바닥은 식초를 스프레이에 담아 분사한 후 칫솔로 닦아주세요.

05 | 깨끗이 닦은 욕실화는 세워서 물기를 제거한 후, 햇볕에 보송보송하게 소독시켜주세요.

욕실화 물때 제거에는 식초가 좋습니다.
만약, 베이킹소다나 식초로 제거되지 않는다면, 대야에 욕실화가 잠길 정도로만 락스를 붓고 2~3시간 동안 두었다가 꺼내서 닦아보세요. 하지만 락스는 되도록 안 쓰는 것이 좋습니다.

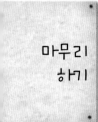

마무리 하기

01 이제 욕실의 작은 용품들과 배수구 청소가 끝났으니 마무리를 해야겠지요? 베이킹 소다를 욕조와 세면대, 그리고 욕실 바닥에 솔솔 골고루 뿌리세요.

02 고무장갑을 끼고 그 위에 극세사 장갑을 낀 후, 구석구석 닦아주면 됩니다.

03 손에 끼는 극세사 장갑을 사용하면 청소하기가 편합니다. 만약 극세사 장갑이 없다면, 거친 수세미대신, 부드러운 스펀지를 사용하는 게 좋습니다.

04 베이킹소다로 청소가 끝났다면, 샤워기로 싸악~ 정리해주세요. 욕조, 세면대, 바닥까지 깨끗이 깨끗이.

05 청소를 끝낸 욕실 바닥은 물기로 흥건한데, 그럴 땐 유리 닦이의 스퀴즈 부분으로 밀어내면, 물기 제거가 쉽습니다.

06 유리 닦이가 없다면 사진에 보이는 휴대용 스퀴즈나, 그것도 없다면 쓰레받기의 스퀴즈 부분도 무방합니다.

07 | 이제 마른걸레로 욕실 전체를 골고루 닦아줍니다.

08 | 벽면 타일뿐만 아니라, 세면대 아랫부분도 잊지 말고 닦으세요.

09 | 변기 아랫부분도 한 번씩 닦아주세요.

10 | 스퀴즈로 물기를 제거했지만, 바닥을 마른걸레로 한 번 더 닦아주면 좋습니다.

11 | 휴지는 손으로 잡는 부분이 밖으로 나오게 걸어주세요. 이렇게 삼각형으로 접어주면 호텔 화장실에 온 것 같은 느낌을 받을 수 있습니다.

휴지를 걸 때 휴지의 손닿는 부분을 안쪽으로 가게 걸어 놓는 경우가 있는데요 이렇게 하면 휴지 잡기도 불편하고, 타일에 물기가 남아 있으면 젖을 수 있습니다.

12 | 욕실에 수건이 반듯하게 걸려진 것만으로 훨씬 정돈된 느낌을 줄 수 있습니다.

13 | 거울은 유리 세정제를 뿌린 후, 신문지로 닦으면 됩니다.

14 | 욕실의 악취를 없애기 위해선 향기 나는 방향제보다는 냄새를 없애는 탈취제를 뿌리는 것이 더 효과적입니다.

15 | 샤워커튼의 비눗기를 샤워기로 쓸어내리고 마른 걸레로 닦아주면 오래도록 써도 곰팡이가 생기지 않아요. 욕실 청소가 끝나면 환기시켜주세요.

타일 틈새 오염물질 제거법

욕실의 골칫거리라면 실리콘이나 타일 틈새의 오염이라고 할 수 있는데요. 우선은 물1ℓ 에 표백제 2~3스푼을 타서 헌 칫솔로 닦으세요.

그래도 안 되면, 잠자리에 들기 전에 휴지를 대고 락스가 들어 있는 스프레이를 뿌려주세요.

바닥 타일 틈에도 마찬가지로 작업해주세요.

다음 날 일어나서 휴지를 떼어보면, 몰라보게 깨끗해진 것을 확인할 수 있습니다.

뒤처리도 깔끔하게, 베란다 대청소

계절이 바뀔 때마다 청소를 해야 하겠다고 마음먹는 공간이 바로 베란다입니다. 베란다는 바람이 들고 나는 곳이라 다른 공간보다 먼지도 많아 청결에 신경 써야 할 곳입니다.

베란다 청소의 동선은 **방충망 청소 → 바깥 선반 닦기 → 유리창 닦기 → 문틀 청소 → 바닥 청소** 순서로 하면 됩니다.

방충망, 유리

01 흡입력이 강해지도록 방충망 뒤쪽에 신문을 접착테이프로 붙인 후, 앞쪽에서 청소기 브러시로 살짝 먼지를 빨아들입니다.

02 바깥 선반의 먼지를 걸레로 제거해준 후 아래쪽 장식 홈부분도 깨끗이 청소해주세요.

03 | 유리세정제를 뿌린 후 신
문지로 유리창을 닦습니
다. 신문지의 알콜 성분이 유리창
을 깨끗이 해줍니다.

방충망 청소를 할 때, 비오는 날 호스로 물을 뿌리는 방법도 있지만 아래층 분들에게 양해를 미리 구하는 것이 좋습니다. 방충망이 떼어지는 곳이라면 수세미를 세제를 풀어서 조심스레 닦으셔도 좋습니다.

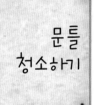

문틀 청소하기

01 | 문틀에는 홈이 많아서 먼
지 제거가 힘든데 그럴
때는 미니 브러시를 이용하세요.

02 | 아니면 청소기의 가는 브
러시 노즐로 먼지를 흡입
하셔도 되고요.

03 | 젖은 걸레를 나무젓가락
으로 홈 부분에 넣어, 먼
지를 제거하는 방법도 있습니다.

04 | 빨아 쓰는 키친타월, 물
티슈, 아니면 신문지를
물에 적신 후, 사각으로 각지게
접어서 홈의 남은 먼지를 깨끗하
게 마무리해줍니다.

05 | 남은 먼지가 확인되시
죠? 사각으로 접은 나머
지 깨끗한 부분을 돌려가며 알뜰
하게 남은 먼지를 제거해주세요.

06 | 먼지 하나 없는 문틀을
보니, 마음까지 상쾌해집
니다.

07 | 문의 옆 홈 부분은 젖은
걸레로 닦은 후 마른걸레
로 마무리하거나 신문지, 빨아 쓰
는 키친타월을 이용해 청소해주
세요.

08 | 바닥만큼은 아니지만, 옆
부분에 먼지가 제법 있습
니다.

09 | 모서리 부분에는 먼지가
모여 있어서 잘 없어지지
않을 거예요. 그럴 땐 면봉을 이
용해서 마무리해주세요.

10 더 작은 틈에 끼인 먼지는 이쑤시개를 이용하면 완벽하게 제거됩니다.

11 햇살 받은 문틀에 먼지 하나 보이지 않습니다. 깔끔해졌지요?

바닥 청소하기

01 마지막으로 바닥을 청소해줍니다. 사진으로 보기에는 깨끗해 보이지만, 먼지나 머리카락들이 많이 있습니다.

02 우선 베이킹소다를 골고루 뿌려주세요.

03 물에 적신 스펀지나 수세미를 이용해서 닦아주세요. 저는 청소하기 좀 더 편하게 물빠짐이 있는 수세미를 이용합니다.

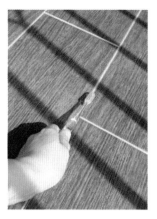

04 | 먼지와 머리카락들이 묻어 나오는 게 보이죠?

05 | 만약 타일 틈새에 묵은 먼지가 있다면, 칫솔로 닦아주세요.

베란다 바닥 청소를 할 때 세제를 쓰면 거품이 많이 나므로 거품이 거의 나지 않는 베이킹소다가 좋습니다. 아파트라면, 특히나 아래층의 배수관으로 거품이 흘러 내려갈 수도 있으니 조심해야 합니다.

06 | 그리고 배수구의 머리카락을 헌 칫솔로 제거해주세요.

07 | 배구수 뚜껑을 열어 안쪽 오염물도 제거해주세요.

08 | 손길이 잘 가지 않는 배구수 뒤쪽의 먼지와 머리카락도 제거해주세요.

09 | 호스로 배수구 쪽을 향해 수압을 강하게 해서 물청소를 해주세요.

10 | 그리고 스퀴즈로 남은 물기를 제거합니다.

11 | 마지막으로 마른걸레로 깨끗하게 닦아주세요. 베란다의 제일 위쪽에서부터, 뒷걸음치며 닦으면 2차 오염 없이 깨끗하게 마무리됩니다.

12 | 턱이나 홈 같은 곳의 먼지도 잊지 말고 닦아주세요

13 | 청소가 끝나고 손으로 바닥을 쓸어내려도 될 만큼, 깨끗해진 베란다를 확인할 수 있습니다.

14 | 마지막으로 슬리퍼 바닥을 깨끗이 닦은 다음, 맑은 햇살에 뽀송뽀송 말려주세요. 청소용 슬리퍼는 앞트임이 없는, 막힌 슬리퍼가 발에 물기가 묻지 않아서 좋아요.

유리창
청소하기

01 신문지를 구겨서 유리창을 닦을 때도 있지만 넓은 면적을 청소할 때는 스퀴즈가 더 편리하답니다. 우선, 유리용 세정제를 뿌려줍니다.

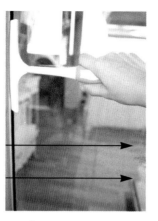

02 그리고 차례로 왼쪽에서 오른쪽으로 닦습니다. 차례차례 아래칸으로 내려오면서 닦으면 됩니다. 오른쪽 끝까지는 닦지 말고, 10cm 정도는 남겨두고 닦습니다.

03 중간중간 스퀴즈에 묻은 오염물을 마른걸레에 닦는 것, 잊지 마세요.

04 마지막으로 10cm 남겨둔 오른쪽 끝, 위에서 아래쪽으로 쭉 훑어 내리면 됩니다.

10

입구를 환하게,
신발장 & 현관 대청소

신발장을 열 때, 퀴퀴한 냄새나 습기가 훅~ 나오는 것만큼 얼굴 찌푸려지는 일이 있을까요? 그런 일이 없게 하기 위해선 주기적으로 신발장을 환기시켜주고, 습기나 땀에 젖은 신발을 그대로 넣어두는 일은 절대 하면 안됩니다. 일주일에 한 번 정도 외출할 때 신발장 문을 열어두고 나갔다가, 집에 돌아오면 문을 닫는 습관을 들이면 쾌적한 신발장을 유지할 수 있습니다.

01 신발장 청소를 하기 위해서는 우선 문을 열어 환기를 시켜주세요. 그리고 신발을 꺼냅니다.

02 청소기로 대충 먼지를 제거해주세요.

03 베이킹소다를 솔솔 뿌린 후, 젖은 걸레로 닦아주세요.

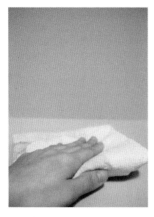

04 | 마른걸레로 마무리해주
면 됩니다.

05 | 제균을 위해 소독용 알코
올을 분무기에 넣고 스프
레이해주면, 더욱 완벽해집니다.

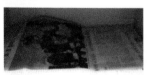

습기
제거하기

01 | 환기까지 끝난 신발장에
습기 제거를 위해 신문지
를 깔아주세요.

02 | 너무 꽉 채우지 말고 간격을 적당히 두고 신발을 보관하세요.

신발을 보관할 때는 계절이 바뀔 때마다 제철 신발은 손닿기 가장 쉬운 곳에 두어 꺼내기 편하게 하세요.

03│ 습기는 아래부터 차오르기 때문에, 습기제거제는 때 맨 아래쪽에 두는 것이 좋습니다.

04│ 신발 냄새 제거를 위해 숯이나 신발장 전용 방향제를 사용하기도 하지만, 비누를 가제에 싸서 같이 보관하면 은은한 향기가 퍼져 기분 좋게 해줍니다.

신발 제대로 보관하자

01 신발장 안을 청소한 후 바로 신발을 넣지 말고, 신발을 한번 드라이어로 건조시켜주는 것이 좋습니다. 덜 건조된 신발에서 곰팡이가 번식하기 딱 좋거든요.
특히 장마철이나 비오고 난 후의 신발은 반드시 흙이나 오염물을 털고 드라이어로 건조시켜 보관하는 것 잊지 마세요.
너무 가까이에서 강풍으로 바람을 쐬면 열 때문에 가죽이 변형될 수 있으니 조심하시고요.

02 부츠나 신발 안에 신문지를 넣어두면, 신발 변형도 막을 수 있고 습기와 냄새 제거에도 좋습니다.
사진에서 보이는 부츠도 98년도에 구입하여 겨울에 매번 즐겨 신는데도, 아직 새것처럼 상태가 좋아요. 어떻게 손질, 보관하느냐에 따라 수명이 달라집니다.

01

02

01 | 빗자루로 쓸면 신발 바닥의 흙과 먼지가 날리기 때문에 우선 분무기에 물을 담아 바닥에 뿌려주세요.

02 | 그런 다음 베이킹소다를 뿌려준 후,

03 | 밀대걸레로 쓱쓱싹싹 닦아주면 됩니다.

04 | 현관 바닥 타일 틈을 보면 홈이 있어 흙과 먼지가 많이 끼어 있습니다.

05 | 베이킹소다로는 오염제거가 잘 안 되니 소주를 분무기에 담아 헌 칫솔로 닦아주세요.

06 | 짠~ 말끔하게 하얘졌죠? 소주는 휘발성이 있어 냄새도 금방 날아가므로 걱정하지 않아도 됩니다.

07 | 모든 청소가 끝나고 마른
걸레로 구석구석 마무리
해주면, 항상 기분 좋은 현관과
신발장이 여러분을 맞이해줄 거
예요.

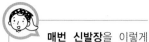

매번 신발장을 이렇게
청소하라고 하면 아마 엄두도
못 내겠지요?
평소에는 신발장 환기와, 바닥
의 먼지 제거 정도만 해주시
고요. 대청소 할 때 한 번씩
이 순서와 방법으로 하면 된
답니다.

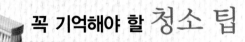

꼭 기억해야 할 청소 팁

살림은 마음먹고 잘하려고 하면 정말 한도 끝도 없습니다. 청소는 특히나 더 그럴 지요. 모든 일이 그렇듯, 한꺼번에 다 벌이려고 하면 일을 하기도 전에 지치기 마련입니다.

평소에 꼭 청소해야 할 것은 자주 하고, 한 달에 한 번 대청소 할 때 마음먹고 묵은 먼지나 세세한 부분 청소를 하면 청소에 대한 부담감이 덜해질 겁니다.

	자주 할 일	대청소 할 때 할 일
거실	• 청소기, 걸레질	• 소파 청소 • 소품 묵은 먼지 제거
침실	• 청소기, 걸레질	• 소품 닦기, 이불 빨래, 매트 위치 교환 • 가구 위, 몰딩, 침대 밑 등 묵은 먼지 제거
주방	• 싱크대, 개수대 청소, 음식물 처리, 행주, 도마 등 주방용품 소독 • 전자레인지, 밥솥 등 소가전 닦기 • 설거지 후 물기 없이 상판 닦기 • 바닥의 물기 제거	• 후드, 가스레인지, 냉장고 청소 등 대가전 닦기 • 배수구, 벽면 타일, 싱크대 상판 구석구석 닦기 • 주방용품 수납과 청소 정리 • 바닥의 기름때와 묵은 오염 제거
욕실	• 머리카락 제거 • 욕조, 세면대 닦기 • 거울 청소 • 변기 청소	• 배수구 묵은 오염 제거 • 슬리퍼, 욕실용품 바닥 등 소품 청소 • 실리콘, 타일 틈새의 오염 제거 • 수전 막힘 뚫기
베란다	• 바닥 오염 제거	• 방충망, 유리 닦기 • 문틈 먼지 제거 • 손 닿지 않는 좁은 곳 먼지 제거
현관, 신발장	• 바닥 먼지 제거 • 신발장 환기	• 신발장 안 먼지 제거 • 신발 정리 • 소독용 에탄올 제균

최소한의 도구와 최소한의 동선으로 청소하기 간편한 방법으로 보기 쉽게 순서대로 작성했습니다. 왜냐하면, 여러분들에게 '살림의 여왕'이나 '청소의 달인'이 되기 위한 비법을 전수하기 위한 것이 아니라, 살림이나 청소를 좀 더 간편하고 쉽게 실천하기 위한 것이 제 의도이기 때문입니다.

요즘은 워낙 청소 도구나 세제들이 다양하고 친환경 소재들이 많이 나와 있지만, 되도록이면 베이킹소다나 식초, 치약, 소주 등 환경을 오염시키지 않으면서 쉽게 구할 수 있는 것들을 많이 사용하는 것이 좋습니다.

동선	• 위 → 아래(천장 → 바닥)　　　• 안쪽 → 바깥 • 각 공간의 시계방향으로 동선 짜기
순서	• 넓은 면적 → 좁은 면적 • 먼지 제거 1차 → 베이킹소다 → 젖은 걸레 → 마른 걸레 → 마무리
세제효과	• 베이킹소다 - 먼지 제거　　　• 식초 - 냄새 제거 • 치약 - 광택 내기　　　• 소주 - 오염 제거 • 소독용에탄올 - 제균
도구활용	• 넓은 면적 - 걸레, 브러시, 밀대, 청소기 • 손닿기 어려운 곳 - 칫솔, 면봉 • 가장 틈이 작은 곳 - 이쑤시개

청소를 시작하기 전, 도구들은 미리 미리 챙겨두는 것 잊지 마시고요.

먼지 제거, 비질, 걸레질 같은 작업을 한 번에 몰아서 하는 방법이 있고, 각 공간을 하나씩 집중해서 청소하는 방법이 있으니 자신이 선호하는 방법으로 청소하면 됩니다.

또한 맞벌이인가 전업주부인가, 몸 상태가 좋은가 나쁜가, 일정이 여유로운가 바쁜가, 집중해서 할 것인가 나누어서 할 것인가, 깔끔하게 할 것인가 먼지 제거 정도만 할 것인가 등에 따라서 스타일이나 생활에 맞추어 하면 됩니다.

마지막으로 저는 하나의 방법론을 제시하는 것일 뿐, 어떻게 계획하고 실천할 것인가는 오로지 '주부'인 자신만이 운용할 수 있다는 것 잊지 마세요!

PART 03

참 쉬운
수리, 수선, DIY

01

혼자 해도 문제없는,
못 박기

남편이 집안일을 도와주지 않는다고 투덜대지만 말고 못 박는 것 정도
는 도구만 있으면 되므로 이 기회에 간단한 못 박기를 실천해보시는 것
도 좋을 것 같아요.

콘크리트 벽에 못박기

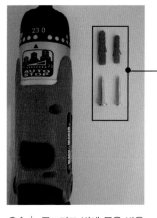

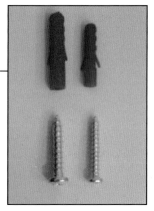

01 | 콘크리트 벽에 못을 박을 때는 드릴과 칼브럭을 사용하는 것이 좋아요.

칼브럭이란 플라스틱으로 된 나사못의 케이스인데, 못이 잘 빠지지 않게 해줍니다.

02 │ 먼저 못을 박을 위치에
    │ 연필로 표시를 한 다음,
칼브럭에 나사못을 끼워 고정시
킨 후 드릴로 뚫으면 됩니다.

03 │ 액자나 무거운 것은 한곳
    │ 에 계속 오래 고정시켜두
어야 하므로 못 자국이 나도 괜
찮은 곳에 걸어두세요.

집에 두면 편리해요

01 공구함 하나 정도는 마련하세요.

02 기본적으로 일자 드라이버, 십자 드라이버, 스패너, 롱노즈 플라이어, 니퍼, 송곳, 줄자 정도는 갖춰
두어야 급할 때 수리 수선이 가능합니다.

03 더불어 드릴 세트도 구비해두면, 편리합니다.

04 목공용 딱풀, 순간접착제, 유리용 접착제 등, 다양한 종류의 접착제도 여러모로 요긴하게 쓰입니다.

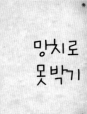

망치로 못박기

01 망치질은 사진에 보이는 것처럼 보조 도구를 이용하여(없으면 펜치를 이용하세요.) 조금 위에서 아래로 내리치듯이 박으면 고정이 잘 됩니다.

02 못 자국이 보기 싫다면 리본이나 작은 장식품으로 가려주는 것도 센스~.

못을 막을 때 두 번은 초점을 맞춰 약하게 톡톡, 세 번째에 강하게 쾅 하고 때리면 됩니다. 톡톡 쾅, 톡톡 쾅하고 리듬을 타면서 박아주세요.

못 자국을 없앨 때 같은 벽지 여분을 조그맣게 잘라서 붙여주어도 되는데, 이 방법은 티가 나서 보기에는 그다지 좋지 않습니다.

못 자국 없애기

01 못 자국이 흉할 때는 메움 실리콘을 이용하면 되는데, 만약 이것이 없으면 치약이나 지점토로 메워준 후, 표면을 매끄럽게 해주면 됩니다.

02 욕실 타일에 못을 박을 때는 교차되게 종이테이프를 붙여주고, 칼브럭과 나사를 이용하여 살살 박으면 흠집이 나지 않습니다.

못 박지 않고
물건 거는 법

01 | 못 박는 게 싫다면 무거
운 물건이나 꼭 걸어야
할 것을 제외하고는, 이렇게 벽걸
이실리콘 행거를 사용합니다.

02 | 시침핀을 이용하는 것도
한 방법입니다.

03 | 가벼운 액자나 행거 정
도는 끄떡없이 달려 있
습니다.

01 | 전 집에 못을 박는 것을
싫어하기 때문에 미니 행
거를 많이 사용하는데요. 필요에
따라 제거해야 할 때도 있습니다.
그럴 때 무작정 떼려고 하면 안
돼요.

미니행거
제거하기

02 | 우선은 드라이어를 사용
해서 열을 가해줍니다.

03 | 열로 말랑말랑해진 행거
뒤의 글루를 스크래퍼로
조심스레 제거합니다.

04 | 짠~ 이렇게 말끔하게 떼
어진답니다. 이렇게 작은
방법이라도 알고 실천하면 집 안
을 훨씬 깨끗하게 관리할 수 있
어요.

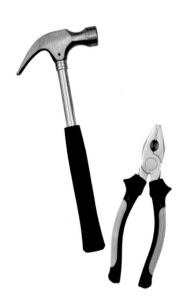

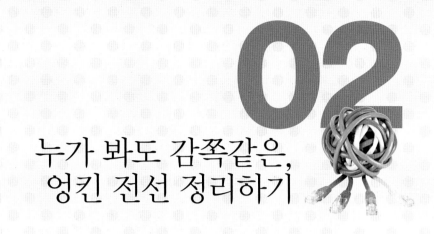

누가 봐도 감쪽같은,
엉킨 전선 정리하기

전선이 널브러져 있으면 미관상 보기 싫을 뿐만 아니라 전선에 걸려 넘
어져 다칠 수도 있습니다. 전선은 조금만 신경 쓰면 얼마든지 깔끔히 정
리할 수 있는데 그 방법에 대해 알아보겠습니다.

물건으로
전선 가리기

01 벽걸이 텔레비전 아래 보
이는 전선은, 케이블타이
나 끈으로 고정시킨 다음, 예쁜
스탠드나 긴 장식품으로 가려주
세요.

02 앞에서 보면 감쪽같이 가
려진답니다. 장식과 가림
을 한 번에 해결할 수 있죠.

03 거실 중앙 벽면에 보이는
전선과 콘센트도 오디오,
액자, 전화기 등 적당한 크기의
물건으로 가려주면 좋아요.

전선 보호관으로 전선가리기

01 엉켜 있는 전선들, 보기에도 흉하고 청소할 때도 불편하지요?

02 전선보호관으로 해결해 볼까요? 뚜껑을 분리하고요.

03 여러 전선을 가지런히 모읍니다.

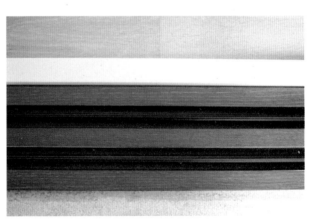

04 뚜껑을 닫고요.

05 바닥에 있는 양면테이프를 떼어서 고정하면, 보기 좋게 전선들이 감춰집니다.

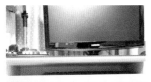

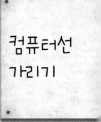

01 | 컴퓨터의 전선들도 해결 해주지 않으면, 사진처럼 엉망이 되는 경우가 많지요?

02 | 컴퓨터선 정리 밴드를 이 용해보겠습니다.

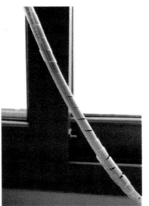

03 | 선을 모아 나선형으로 일 정하게 돌려주면 됩니다.

04 | 하나로 깔끔하게 묶어져 훨씬 정리된 모습입니다.

컴퓨터선 정리 밴드는 여러 가지가 있는데 투명한 것 이 보기에도 좋아요. 이런 도 구들을 굳이 구입하지 않더라 도, 벨크로(흔히 찍찍이라고 하 는 접착끈)나 빵 끈, 얇은 리 본, 케이블타이 등을 이용해 묶는 방법도 있습니다.

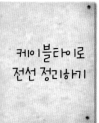

케이블타이로
전선 정리하기

01 케이블타이 고정 못입니다. 전선을 고정시킨 후 못을 탁탁 치면 됩니다.

02 케이블타이입니다.

03 욕실에 어지럽게 널려있던 전선을 케이블타이 고정 못과 케이블타이로 고정시킨 모습입니다.

멀티탭으로
정리하기

01 힘들게 콘센트를 빼고 꽂지 않아도 되는 스위치형 멀티탭을 이용해보세요. 대기전력만 줄여도 1년에 전력 낭비를 11%나 줄일 수가 있답니다.

03

내가 해도 돋보이는,
가구에 포인트 주기

주부의 센스를 조금만 발휘하면 작은 소품 하나로도 집 안의 가구 분위기가 확 바뀝니다. 어린 시절에 해보았던 공작 시간처럼 어려운 것은 없으니 지금부터 따라해 보세요.

몰딩
붙이기

01 글루건 심을 꽂고, 3~5분간 예열해두세요.

02 글루를 쏜 후, 재빨리 정확하게 부착하는 것이 관건입니다. 그렇지 않으면 금방 굳어버리거든요. 뗄 때도 흔적 없이 잘 떼어져서 좋습니다.

글루건은 수선이나 리폼에 꼭 필요합니다. 물건의 접착면이 떨어졌을 때 글루건을 사용해서 수선하면 편합니다. 글루건 사용 시 뜨겁기 때문에 손에 묻지 않도록 조심하세요.

03 부착할 곳에 미리 연필로 살짝 표시한 후, 손으로 힘을 주어 전체적으로 잘 꾹꾹 눌러주면 됩니다.

04 몰딩 하나 붙였을 뿐인데, 이렇게 로맨틱한 가구로 재탄생했네요.

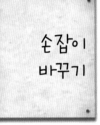

손잡이 바꾸기

01 오래된 가구를 변신시킬 수 있는 또 하나의 방법은 손잡이를 바꿔 주는 것이에요. 나사를 돌려 바꿔 끼우기만 하면 되고, 가격도 저렴한 편이라 유용합니다.

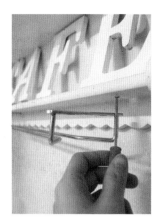

용도
변경하기

01 | 7~8년 된 선반이 있는 데, 와인랙을 달아서 변신시켰습니다. 우선 드라이버로 돌리기 전에 송곳으로 먼저 뚫어야 합니다. 그래야 나사못이 잘 들어갑니다.

02 | 십자드라이버를 이용하여 나사못을 고정합니다.

03 | 오래된 선반에 와인랙 하나 달아준 것만으로 근사한 와인 선반으로 재탄생했어요.

04

홀로해도 가능한,
수리 & 수선

책을 읽고 있는데 갑자기 형광등이 깜빡깜빡하거나 현관문의 디지털 도어락에서 이상한 소리가 날 때 참 당혹스럽죠. 당황할 일이 전혀 아닌데 말이죠. 여러분 혼자서도 할 수 있어요.

형광등
갈기

01 | 한손은 등 커버를 받치고, 한손으로 너트를 풀어주세요. 다른 쪽 너트도 풀고, 너트와 도구는 주머니에 넣은 후 등 커버를 양손으로 받쳐서 조심스레 아래쪽에 두세요.

02 | 앞쪽을 살짝 빼시고요.

03 | 뒷쪽 부분도 뺍니다. 새 형광등을 끼울 때는 역순으로 뒷쪽을 먼저 끼우고, 앞쪽을 끼웁니다.

형광등을 혼자서 갈 때
는 너트나 도구를 넣을 수 있
도록, 꼭 주머니가 넉넉한 옷
을 입으세요.
집집마다 형광등의 종류가 다
르지만 소켓의 크기는 표준이
니 금방 익숙해지실 거예요.

04 | 소켓에 잘 고정시킨 후
불이 들어오는지 확인하
세요.

05 | 마지막에 등 커버를 부착
하면 됩니다.

디지털
도어락
갈기

01 | 커버를 밀어서 벗겨 냅니
다. 디지털 도어락이 아
닌 레버형식은 전문가에게 맡기
는 것이 좋습니다.

02 | 건전지의 + − 가 잘 맞
도록 새 건전지로 갈아
넣으세요.

03 | 마지막에 커버를 끼워서
맞추면 됩니다.

01 | 작은 가구는 십 원짜리
동전으로 받쳐 쉽게 균형
을 맞출 수 있습니다.

02 | 크기에 맞게 자르지 않아
도 돼서 간단합니다.

01 | 벽지의 때는 지우개나 식
빵으로 지울 수 있습니
다. 잘 지워지지 않는 때는, 주방
세제와 물을 1 : 1로 섞어서 분무
기로 뿌리면 됩니다.

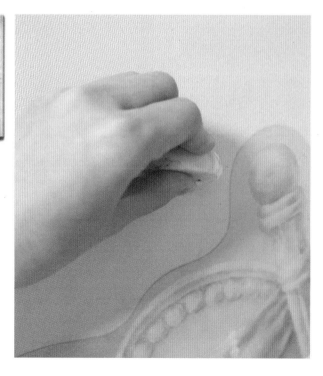

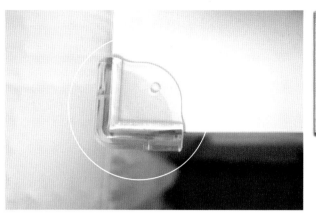

01 안전과 가구 긁힘을 방지하는 여러 가지의 편리한 도구가 있으니 다양한 커버를 이용해 마루 긁힘을 방지해보세요.

02 모서리 방지캡을 이용해서 안전사고를 예방하세요.

03 열기 힘든 문은 손잡이를 다세요.

04 도어충격방지 패드를 손잡이 위치에 달면 벽지를 보호할 수 있습니다.

05 문이 꽝 닫혀서 다치는 것을 방지하기 위해 도어스토퍼를 문 아래 받쳐두는 것도 좋습니다.

06 | 그렇지 않으면, 일명 노
루발이라고 하는 고정스
토퍼를 달 수도 있습니다.

07 | 아기가 있다면, 콘센트
보호커버는 반드시 있어
야 해요. 아이가 젓가락이나 긴
물건을 콘센트에 꽂는 것을 방지
해 주니까요.

욕실
실리콘
보수

01 | 세월이 많이 흐르다 보면, 청소와 세척만으로는 불가능할 때가
있어요. 보기 흉하게 변해버린 실리콘을 보수하기로 했습니다.

02 | 우선 실리콘 제거제를
0.4cm 두께로 발라 실
리콘을 완전히 덮습니다. 최소 5
시간이 경과하면 신속히 제거제
를 닦아낸 후 칼로 실리콘을 제
거합니다.

03 | 표면의 물기와 오염물을 완전히 제거합니다.

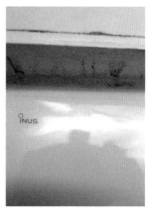

04 | 마스킹 테이프로 시공할 실리콘 위아래를 보양합니다.

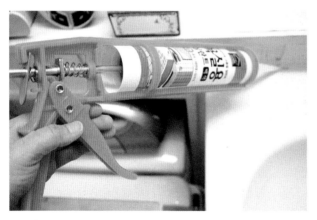

05 | 작업할 때 옷이나 피부에 닿지 않도록 주의하면서 욕실용 실란트건을 사용하여 일정한 속도로 충전합니다.

06 | 충전한 모습.

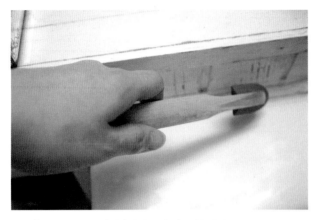 

07 | 고무 헤라로 일정하게 말끔히 마무리합니다.

08 | 헤라로 마무리한 모습입니다.

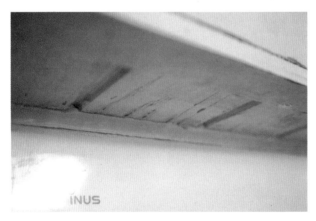

09 | 하루 동안 완전히 건조시킵니다.

05

특별해서 보람찬,
셀프 인테리어

손재주나 눈썰미가 조금만 있다면 셀프인테리어로 세상에 단 하나밖에
없는 나만의 집을 꾸며보세요.

01 기존의 벽지를 커트 칼로
살짝 벗겨냅니다

02 하나씩 벗겨내는 모습이
에요.

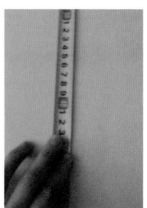

03 줄자로 벽면의 치수를 잰
후, 10cm 여유를 두고
벽지를 자릅니다.

 04 | 신문지를 넓게 깝니다.

 05 | 그 위에 벽지를 펼칩니다.

 06 | 친환경접착풀과 오공본드를 8:2로 되직하게 섞습니다.

 07 | 그리고 붓으로 풀을 벽지에 바릅니다.

 08 | 풀이 스며들게 벽지끼리 맞붙여 놓습니다.

 09 | 풀이 스며드는 동안 벽의 이물질을 깨끗이 제거합니다.

10 | 물걸레로 벽지를 붙입니다.

11 | 콘센트 있는 부분은 X자로 잘라 놓은 다음, 나중에 커버를 부착해 깨끗하게 복구합니다.

12 | 첫 번째 벽지를 바른 후, 두 번째, 세 번째 벽지를 수직선에 잘 맞추어 바릅니다.

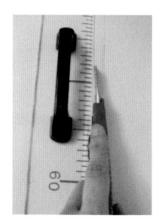

13 | 자투리 부분은 자를 대고 커트 칼로 깨끗하게 잘라줍니다.

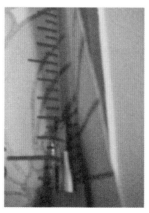

14 | 천장 부분의 자투리 부분도 자를 대고 커트칼로 깨끗이 잘라줍니다.

비가 오는 날은 습기 때문에 도배가 잘 되지 않으므로 피하는 것이 좋아요.
쇼핑몰마다 도배하는 방법이나 재료에 대해서 자세하게 설명해 놓은 곳도 많고, 요즘은 힘들게 풀칠하지 않아도 되는 접착식 벽지도 많으니 한번 도전해보세요.

15 | 도배하기 전 모습입니다.

16 | 도배하고 난 후의 모습입니다. 몰라보게 달라졌지요?

자투리 벽지로 소품 만들기

01 상자를 십자로 묶고 리본으로 포장했어요.

02 광고 부채에 벽지를 붙여 예쁜 부채로 변신.

03 사각으로 자른 후 코팅지를 입힌 뒤, 노트나 책을 포장해도 좋고요. 식탁 매트로 사용해도 좋아요.

04 나만의 쇼핑백 완성~. 쇼핑백 도안은, 낡은 쇼핑백을 조심스레 뜯은 후, 그대로 따라서 만들면 쉬워요.

05 단단한 사각 종이 박스에 벽지를 입히고, 낡은 탁상 시계에서 시계 본체를 떼어내 붙였더니, 감각적인 시계로 다시 태어났답니다.

조금만 창의성을 발휘해보면 얼마든지 자신만의 재미있고 특색 있는 소품을 만들어낼 수 있어요.

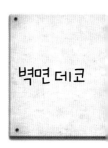

벽면 데코

01 벽지 대신, 시트지로 하나하나 모양을 만들어 잘라서 붙이면 벽면 데코를 할 수 있습니다. 도안은 잡지에 나왔던 예쁜 플라워패턴을 참고했고요. 요즘은 감각 있고 예쁜 그래픽 스티커나 포인트 시트지도 많으니 간단하게 분위기를 바꾸는 데 큰 도움이 됩니다.

01 | 기존에 깔려 있는 륨을 걷어내고 이물질이나 오물을 깨끗이 제거합니다.

02 | 헤라를 이용해서 본드를 바릅니다.

03 | 그 위에 일정하게 자른 데코타일을 무늬를 엇맞추어 계단식 배열로 시공합니다.

아토피가 있거나 피부가 약한 분들은 직접 시공하지 않는 것이 좋으며, 되도록 두께가 두꺼운 타일과 친환경 본드를 사용하세요. 요즘은 본드 없이 간단하게 접착하는 데코타일도 있습니다.
시공을 한 다음에는 며칠 동안 환기를 충분히 시켜주는 것 잊지 마세요.

04 | 서로 틈새 없이 밀착해 붙이고, 발로 꾹꾹 눌러서 들뜨는 부분이 없도록 해주어야 합니다. 모서리 부분은 커터칼로 깨끗이 자르면 됩니다.

05 | 분위기가 훨씬 깔끔하게 바뀌었습니다.

01 | 롤러, 트레이, 페인트, 마스킹테이프, 보양비닐, 붓 등을 준비합니다. 독성 냄새가 없는 페인트를 사용했습니다.

02 | 마른걸레로 벽면의 이물질을 제거합니다.

03 | 문틀에 비닐 등으로 보양 작업을 합니다.

04 | 바닥에 신문지를 깔아줍니다.

페인팅 작업이 끝나면, 공구나 도구에 묻은 페인트를 물로 잘 헹구어 완전 제거하고요. 물기를 건조시킨 후 신문지로 포장하거나 박스에 넣어 환기가 되는 서늘한 장소에 보관합니다.

페인트는 물이 희석되지 않은 상태에서 3년 정도 유효하다고 합니다.

05 | 붓을 페인트에 반쯤 담근 후, 가장자리에서 가볍게 떨어내어 페인트가 너무 많이 묻지 않도록 합니다.

06 | 롤러로 작업하기 어려운 경계면들을 붓으로 먼저 칠해줍니다.

07 | 그 후, 트레이에 페인트를 덜어낸 후 롤러에 페인트가 고르게 묻어나도록 굴려줍니다.

08 | 상부에서부터 W자 형태로 밑에서 위로 굴려줍니다. 그래야 페인트가 흐르거나 튀지 않습니다.

09 | 1차 도장 후 페인트가 마른 다음, 2차 도장까지 끝내면 됩니다.

작업 하기 전 모습

작업 후 모습

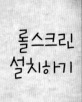

롤스크린
설치하기

01 요즘은 아주 저렴하면서도 그림도 예쁜 롤스크린이 많이 나와 있어 정말 분위기 바꾸는 데는 좋은 것 같습니다. 설치 방법도 간단해서 주부 혼자서도 가능한데요. 우선 설치할 위치를 천장으로 할지 벽면으로 할지 결정합니다. 그리고 설치 위치에 브라켓을 드라이버로 고정시킵니다.

02 설치한 브라켓에 헤드레일을 딱 소리가 나도록 단단하게 고정하면 끝이랍니다. 너무너무 간단하죠?

03 게다가 롤스크린 원단은 코팅 공정을 한 번 더 거친 것이라 먼지나 오염에 강하므로 먼지떨이나 진공청소기 등으로 청소하면 된답니다.

04 롤스크린 설치 하나로 카페 같은 풍경을 갖게 된 주방입니다.

06

저렴해서 더욱 기쁜,
스스로 만들어본 소품

문뜩 바꾸고 싶다고 생각이 드는 것만 직접 만들어도 집 안 분위기가 바뀌고 소품에 대한 애정도 커져 살림을 하는 솔솔한 재미를 느낄 수 있을 겁니다.

홈패션

01 | 직접 만든 캉캉가방과 의자 커버링이에요.

쉬폰 캐노피는 재봉 기술이 없어도 만들 수 있는 초간단 작품이랍니다. 그냥 쉬폰 패브릭의 가장자리를 라이터로 올이 풀리지 않게 살짝 그을린 후, 봉에다 걸어만 주면 되거든요. 만약, 재봉틀이 없는 분들은 봉과 쉬폰만 구입해서 예쁘게 걸어두기만 하여도 분위기를 바꿀 수 있습니다.

02 │ 로맨틱한 분위기의 쉬폰 캐노피에요.

포크아트 소품만들기

포크아트는 그림 솜씨가 없더라도 약간의 노하우와 도안만 있으면 간단하게 가구나 소품들을 변신시킬 수 있는 좋은 공예입니다.

포크아트 순서

01 반제품에 젯소를 바릅니다.

02 큰 붓으로 바탕색을 칠합니다.

03 고운 사포로 살살 갈아서 붓자국을 없앱니다.

04 도안을 트래싱지에 옮깁니다.

05 도안 밑에 먹지를 대고, 반제품에 옮겨 그립니다.

06 포크아트용 물감을 이용하여 그립니다.

07 바니쉬로 마무리하고 드라이기를 이용해서 말려줍니다.

소품 페인팅하는 방법

원목으로 하나부터 열까지 제가 직접 만든 수납함이에요. 앞의 리본 모양은 포슬린 페인팅 기법으로 만든 타일을 붙인 겁니다.

01 수납함에 칠할 페인트를 잘 저어줍니다(묽게 하려면 신나로 희석하세요).

02 페인트 붓에 듬뿍 묻히지 않는 것이 중요한데, 중간 정도 묻혀서 나무젓가락으로 밑으로 훑어내면서 묽게 만듭니다.

03 신문지를 깔고 각재 위에 페인트 할 소품을 놓습니다.

04 나뭇결 방향대로 뒷면 → 안쪽 → 바깥쪽 순서로 페인트를 칠합니다. 바깥부터 칠하면 손으로 잡고 칠하지 못하기 때문에 이 순서대로 칠하는 것이 좋습니다. 끝부터 칠하지 말고, 중간부터 칠해야 합니다. 그렇지 않으면 페인트가 뭉쳐 흘러내립니다. 만약 뭉쳤다면 그걸 다시 이용해서 다른 곳을 칠해주세요.

05 한꺼번에 두껍게 칠하지 마시고 여러 번 묽게 칠하세요. 다 마르고 나서 덧칠을 하는 데 최소한 하루는 말려야 됩니다. 그렇지 않으면 덧칠하면서 앞에 칠한 것까지 다 훑어 버립니다.

06 붓은 화이트와 투명, 유색용으로 따로 마련해두면 사용하기 좋으며, 사용하고 나서는 반드시 신나에 담가 깨끗하게 빨아두세요. 페인트 뚜껑은 공기가 들어가지 않게 꼭 닫아두세요. 붓은 최대한 일정하게 같은 힘으로 놀리는 것이 중요한데, 좌우 한 방향, 세로 한 방향으로 칠해주세요. 크로스로 칠하면 붓 자국이 그대로 남게 되므로 주의하세요.

여름 소품
만들기

01 │ 낡고 이가 깨진 유리잔에 여름 소품을 글루건으로 붙이고, 안에는 예쁜 색 돌을 넣습니다. 향초를 물에 띄운 후 불을 붙이면 여름 습기와 잡내를 없애는데 도움이 됩니다.

02 │ 낡은 액자가 있다면 이렇게 타일을 글루건으로 붙이고 요트 사진을 넣어서 여름 분위기 물씬 나는 소품을 만들어 보세요.

03 │ 못 쓰는 주스병에 색 돌을 넣고 개운죽을 넣는 것도 좋은 방법입니다.

DIY나 리폼할 때 유의해야 할 점

01 무턱대고 다른 사람이 해놓은 것이 좋아 보인다고 해서 시작하지 말고 충분한 검색과 자료 수집을 통해 미리 공부를 많이 하는 것이 좋습니다.

02 저렴한 비용으로 하려고 했다가 오히려 재료나 시간이 더 많이 들어 배보다 배꼽이 커지는 경우도 있습니다. 차라리 제대로 된 제품을 구입해 리폼하지 않고 오래 사용하는 것도 길게 보면 더 좋은 방법일 수 있습니다.

03 DIY나 리폼 재료를 구입할 때에는, 되도록이면 친환경 제품을 구입해 건강에 해롭지 않도록 하세요.

리폼이나 DIY는 어느 정도의 시행착오와 실수를 통해 더 발전하게 마련이므로 처음부터 완벽할 순 없지만, 그래도 하나하나 내 손으로 했다는 뿌듯함과 사랑스러움이 가득할 겁니다.

화초
키우기

01 | 집 안에 초록의 싱그러운 화초들이 있으면 생동감이 드는 인테리어를 구현할 수 있는데요.

02 | 사실, 화초에 관심이 많지 않고서는 화초 키우기는 어렵게 느껴질 수 있습니다. 그럴 때는 손쉽게 집 안에 초록 느낌을 들일 수 있는 다육식물이 좋습니다.

03 | 가격도 저렴하고, 물도 20~30일에 한 번씩 주면 되고 햇빛 받는 것에만 신경 쓰면 되기 때문에 초보자들도 쉽게 관리할 수 있습니다.

04 | 유리병에 꽃 몇 송이를 꽂아두는 것만으로도 분위기가 생동감 있어집니다.

05 | 생화나 식물이 부담스럽다면 조화로 화사하게 분위기를 바꿔보세요.

07

모두에게 기쁨 주는,
선물 포장법

결혼을 하면 선물할 일이 많아집니다. 같은 선물이라도 어떻게 포장하느냐에 따라 선물의 가치가 달라지는데요. 저는 어른들께 상품권이나 현금을 선물할 때 담는 봉투 포장법을 소개할까 합니다.

준비물

포장지, 상품권을 포장할 종이, 자, 펀칭기(없으면 송곳), 리본 적당히.

01 │ 우선, 종이를 세로 24cm, 가로 16cm로 자른 후 3등분으로 접어주세요.

02 | 접은 종이로 이렇게 상품권을 곱게 싸 주시고요.

03 | 포장지를 세로 32cm, 가로 17cm로 잘라주세요.

04 | 양쪽을 접어줍니다. 양쪽 모두 4cm로 접어주면 맞을 거예요.

05 | 이렇게 양쪽 모두 8cm로 다시 접어줍니다.

06 | 양쪽 끝을 삼각형 모양으로 접어줍니다.

07 | 펼친 모습입니다. 이해되시죠?

08 | 그럼 미리 곱게 접어둔 상품권을 안에 넣고요.

09 | 펀칭기로 구멍을 뚫어줍니다. 만약, 펀칭기가 없으면 송곳으로 살살 돌려서 예쁘게 구멍을 만들어주세요.

10 | 구멍 사이로 리본을 넣으세요.

11 마지막으로 리본 모양을 예쁘게 잡아주면 됩니다. 리본 끝이 풀릴 수 있으니, 라이터로 살짝 그을려주는 것 잊지 마세요.

12 초간단 접기로 예쁜 상품권 포장이 완성되었습니다.

13 제가 직접 만들어 본 다양한 포장들입니다.

01 저는 선물을 할 때, 특히 제 정성과 손길이 담긴 것을 선물하
길 좋아하는데요. 그 대상이 시부모님이나 부모님일 때는 더욱
그러합니다. 이렇게 직접 그린 파스텔화라도 선물하면 받는 분이 무척
좋아하시더라고요.

02 파스텔화는 그림에 소질이 없다 하더라도, 간단한 스킬만 배우
면 얼마든지 좋은 그림을 그릴 수 있으니 한번 시도해보세요.
저는 백화점 문화센터에서 초급 과정만 배워서 그렸답니다.

01 슈가 크래프트는 말 그대로 설탕으로 만드는 각종 장식물입니다. 카네이션 케이크를 만들려면, 우선 치즈 케이크에 아이싱 커버를 씌웁니다. 아이싱은 설탕가루 5 : 계란 흰자 1의 비율로 만들면 되는데 계란은 실온에 두었다가 알끈을 제거하고, 거품기로 휘핑하면 됩니다.

02 색을 낸 반죽을 밀대로 밉니다.

03 카네이션 커터로 모양을 냅니다.

04 프릴러로 주름을 여러 개 잡습니다.

05 이쑤시개에 밀가루 풀을 묻혀 차례대로 접습니다.

06 | 카네이션 모양이 나타나 지요?

07 | 이런 방법으로 세 개의 카네이션을 만듭니다.

08 | 하나의 카네이션은 모양이 너무 작게 나오기 때문에 똑같은 방법으로 만든 카네이션을 하나 더 만들어서 아래쪽에 끼웁니다.

09 | 남은 두 개의 카네이션도 똑같이 큰 사이즈로 만듭니다.

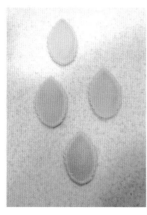

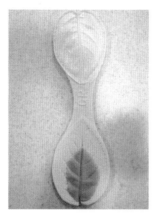

10 | 연두색을 낸 반죽을 이파리 커터를 이용해서 모양을 만듭니다.

11 | 베이너를 이용해서 잎맥을 만들어줍니다.

12 | 카네이션과 이파리를 적절히 배치하고 짤주머니를 이용하여 글자도 새겨줍니다.

13 | 어버이날 예쁜 상자에 담아서 드리면 잊지 못할 카네이션 선물이 되겠지요?

08

피부를 생각하는,
천연 비누 만들기

천연 비누는 만드는 작업이 간단하고 재료도 인터넷으로 쉽게 구입할 수 있어 누구나 쉽게 만들 수 있습니다. 천연 비누 만들기로 가족들의 피부도 보호하고 세상에 하나뿐인 자신만의 비누를 만들어보세요.

천연비누 만들기

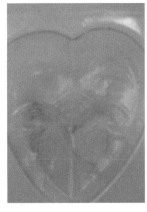

01 비누 틀에 호호바 오일을 손으로 부드럽게 문질러 바릅니다.

02 로즈마리를 한 잎 넣습니다(로즈마리는 색깔이 변하지 않는답니다).

03 투명 비누 베이스를 잘게 잘라 세숫대야에 녹입니다. 100g당 30초 동안 전자레인지에 녹인 후 하는 것이 좋습니다.

04 천연 색소를 넣습니다. 100g당 10방울 정도가 적당합니다. 저는 호호바 오일을 각각 10방울씩 넣었어요.

05 비누 틀에 담아서 냉동실에 40~50분 동안 얼립니다. 바로 사용하지 말고 이틀 정도 숙성시킨 후 사용하는 게 좋습니다.

호호바 오일은 보습력을 좋게 하는데, 호호바 오일이 없으면 집에 있는 식물성 오일을 사용하세요. 라벤다 오일(건조한 피부, 아토피에 좋아요), 오렌지 오일(기미, 햇볕에 탄 피부에 좋아요) 등이 있고, 천연 색소 오일이 없다면 집에 있는 파프리카, 오이, 쑥, 허브 차 마른잎, 황토 가루 등을 사용해도 좋아요.

비누 틀이 없으면 집에 있는 소주컵이나 요플레 통 같은 것으로 대용해도 됩니다.

09

물고기를 키우는, DIY 수조 만들기

직접 수조를 만들어 헤엄치는 물고기들을 보면, 생명의 신비함도 느낄 수 있고, 인테리어와 가습 효과는 덤이랍니다.

01 여과 방식에는 스폰지 여과 방식, 측면 여과 방식, 걸이식 여과 방식 등이 있습니다. 그중 모래가 여과기 역할을 하는 저면 여과 방식을 사용했습니다.

저면여과 방식은 박테리아가 모래 속에 살면서 배설물이나 먹이 찌꺼기들을 생물학적으로 분해해준답니다. 저면 여과 판에 캐시미런 솜을 얹을 수도 있지만 오래되면 솜을 교체해주어야 하므로, 양파망으로 감싸서 오래 사용할 수 있도록 했습니다.

02 | 아래쪽 여과판에 호스를 꽂습니다.

03 | 깨끗이 씻은 모래를 여과 판 위로 덮습니다. 앞쪽 을 낮게, 뒤쪽은 높게 모래를 쌓 는 것이 좋습니다. 저는 깔끔한 느낌이 드는 백가공 모래를 사용 했습니다.

04 | 수석, 수초와 조화 등을 이용해 자신의 취향에 맞 게 장식합니다.

05 | 장식이 흐트러지지 않도 록 조심스럽게 물을 넣습 니다.

06 | 그리고 산소 발생기를 연 결합니다.

07 | 산소 발생기가 어항보다 낮게 있을 때는 역류 방 지 밸브를 연결한 후, 산소 발생기 와 여과판의 호스를 연결합니다.

08 | 수질중화제와 종합예방
제입니다. 처음 물갈이에
는 자연적인 여과 기능을 하도록
박테리아 활성제를 넣어주거나,
수족관에서 물을 얻어 같이 넣어
주는 것이 좋습니다.

09 | 사용설명서에 나와 있는
대로 비율을 맞춰 물에
희석시켜줍니다.

10 | 먹이를 줍니다. 처음 물
갈이할 때는 되도록이면
정량보다 먹이를 적게 주는 것이
좋습니다.

어항 온도 맞추는 법

입수시킬 때에는 기존의 물 온
도와 차이가 거의 나지 않도록
해야 하는데, 수족관에서 사
왔을 때의 비닐봉지째로 어항
에 담궈서 온도를 맞춰주는 것
이 중요합니다. 온도가 맞춰졌
다고 생각되면 비닐봉지를 제
거해줍니다. 물갈이는 일주일
에 한 번 정도 하면 됩니다.

어항 청소하는 법

하루이틀 담아둔 수돗물을 1/3
정도 교체해줍니다. 모래 청소
를 할 때는 펌프 역할을 해주
는 사이펀을 이용하면 편리합
니다. 솜이나 여과기를 청소할
때는 수돗물을 사용하지 말고,
어항 물을 이용해야 미생물이
죽지 않으니 주의하세요.

11 | 산소 발생기를 작동시킨 후 하루 이틀 정도 지난 후에 물고기
를 입수시키는 것이 좋습니다. 저는 히터가 필요 없고 키우기
도 쉬운 금붕어를 선택했습니다.

미니
수족관
만들기

01 │ 미니 어항에서 한 단계 업그레이드시키고자 한다면, 열대어가
노니는 수족관을 한번 만들어보세요. 먼저 적당한 돌들을 레이
아웃합니다.

02 │ 그 다음 모래와 흙(soil)
을 깔아줍니다.

03 │ 전등과 여과기, 수초들을
배치한 후, 여러 번 거른
물을 넣습니다.

04 │ 마지막으로 열대어들을
물에 넣어줍니다.

05 │ 아들 방이 바다 콘셉트
라, 미니 수족관이 딱 어
울립니다.

리모델링
실황 보고서!

REMODELING

주부들은 자신의 집을 꾸미는 일에 관심은 있지만
전문 시공업체를 통해 공사를 하자니 견적이 만만치 않고
직접 고치자니 어디서부터 시작해야 할지 몰라 막막한 경우가 많습니다.
결국 리모델링은 내가 정성을 들인 만큼 비용도 절감되고
좋은 결과도 나오더라고요. 거저 먹는 건 없다는 거죠.
그래서 저의 집 리모델링 과정을 직접 보여드려서
집을 꾸미는 데 관심 있는 주부들에게 조금이나마 도움이 되고자 합니다.

리모델링 진행과정

준비 기간?

2년 전부터 집안의 컨셉이나 스타일, 그에 어울리는 가구나 소품 등을 하나하나 알아보기 시작했고, 공사를 어떤 식으로 진행할지에 대해서 깊은 고민을 했습니다.

업체 선정은?

전기, 목공, 도배 등 하나하나 따로 인력을 불러서 할까도 생각해보았지만, 많이 알아본 결과 그렇게 하는 것이 정말 힘들기도 하고 가격적으로도 그다지 저렴하지 않다는 것을 알게 되어 한곳에 맡기기로 결정했습니다. 인테리어 전문 공사 업체도 한 군데만 알아 본 것이 아니라, 온라인, 오프라인을 통해 여러 군데를 직접 찾아가서 이야기 나누고 견적을 알아본 후에 최종적으로 남편과 함께 결정을 했습니다.

비용 마련은 어떻게?

인테리어 비용은 제가 몇 년 동안 일하면서 통장에 차곡차곡 모은 돈으로 사용했습니다. 인테리어 실장님과 이야기를 끊임없이 나누면서 하고 싶은 부분은 살리고, 그다지 중요하지 않은 부분에서는 욕심을 버리면서 견적을 최소화했습니다.

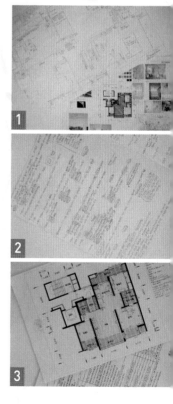

1 업체에서 받은 도면과 직접 스케치한 도면으로 어떻게 공사할지 수십 번 바꾸고 생각하면서 가장 최적의 인테리어를 완성하기 위해 노력했습니다.

2 진행 상황과 구입해야 할 것, 공사 순서 등 아주 사소하고 작은 것까지 하나하나 체크해 나갔습니다.

3 견적 비교와 도면 치수 확인은 필수입니다.

리모델링 물품 선정 기준은?

리모델링에 필요한 물품비 예산을 정한 후, 그에 알맞은 제품들을 선정했습니다.

그리고 어떤 공간을 어떻게 고칠지 구체적으로 생각하였고, 기존에 가지고 있던 가구나 제품들을 어떻게 활용할지도 고민하였습니다.

벽지 선정 실크 벽지, 뮤럴 벽지, 합지, 특수 벽지, 패브릭 벽지, 포인트 벽지 등

마루 선정 강화마루, 원목마루, 합판마루, 데코타일 등

타일 선정 패턴타일, 텍스처타일, 우드타일 등

가구, 소품 선정과 구입 인터넷, 대리점, 마트, 가구 거리 등

위치 선정 정확한 폭, 높이 등 공간 치수를 잰 후 그에 알맞는 가구 위치 선정

공사 순서는?

끊임없이 공부하고, 고민하고, 아이디어를 내고 발품과 손품을 팔수록 자신이 원하는 집을 얻을 수 있습니다.

철거 → 목 공사(자재 반입 → 위치 선정 → 구조 공사 → 장식 공사 → 몰딩 작업 → 도어 공사 → 장식 마감) → 욕실 공사 → 도장 → 도배 → 전기 공사

그 외의 공사 작업?

베란다 확장과 마루 공사는 아파트 자체 내에서 전체 주민을 상대로 할 때 했습니다. 목 공사는 거실 목문, 아트월, 등박스, 도어 리폼, 패널 부착을, 욕실 공사는 욕조와 타일 등 전체 공사를, 도장은 화이트색상을, 도배는 제가 프로슈머하면서 상품으로 얻은 제품을, 전기 공사는 거실 샹들리에와 벽 등 달기 등으로 진행했습니다(공사 기간은 총 15일 정도 진행되었습니다).

거실 REMODELING

저희 집 구조가 주방이 좁게 나온 데다가, 아이 둘을 위해 거실의 서재화를 생각하고 있어서 식탁 겸 책상을 거실에 두었습니다. TV는 안방으로 옮겨, 거실에서는 가족과 함께 이야기를 나누고 책을 보는 공간으로 꾸몄고요. 화이트와 핑크의 아트월, 노란색의 의자 커버, 연두색의 커튼 등을 조화롭게 매치시켜 밝고 화사한 분위기를 연출했습니다.

예전 집에서 등박스를 하지 않고 샹들리에 조명에만 의존했었기에 그런 상태가 얼마나 어둡고 불편한지 아는지라 반드시 등박스는 공사하기로 했습니다.

공사하기 전 거실

1 손님이 오셨을 때도 넓은 거실에서 테이블에 앉아 이야기를 나눌 수 있기 때문에 좋더군요. 부족한 자리는 보조 의자 2개를 양쪽으로 놓으면 해결됩니다.

형광등과 삼파장 전구를 설치해서 눈에 불편함 없이 밝은 공간으로 탄생할 수 있었습니다. 책장 3개를 나란히 붙여 도서관 분위기로 연출했습니다. 자녀가 있다면 거실의 서재화도 참 좋다고 생각합니다. 자연스럽게 책을 읽고 공부하는 분위기가 형성되거든요.

2 거실 베란다는 확장해 아치형 나무문을 설치해서 카페 같은 분위기를 냈습니다. 등받이가 없는 카우치 소파를 놓아서 창을 가리는 답답함을 없앴습니다.

3 거실 장식 샹들리에는 제가 좋아하는 쉐비풍을 선택했습니다.

4 안방으로 들어가는 벽면에 수납과 장식을 다 고려한 수납장을 두었습니다. 위쪽에는 가족 액자와 그림을 걸어 코지 코너 같은 분위기를 함께 내었습니다.

5 주방 쪽으로 들어가는 작은 벽면에는 뷰로와 빨래 바구니함을 두었습니다. 작은 사이즈의 뷰로는 서랍이 많아서 수납에 용이할 뿐만 아니라 주부 자신만의 공간으로도 활용도가 높습니다.

가구를 고를 때, 가격, 디자인, 수납 등을 철저히 따져보고 온라인, 오프라인 다 꼼꼼히 비교한 다음 최저 가격으로 구입합니다. 같은 제품이라도 쇼핑몰에 따라서 쿠폰 적용 방법이나 세일 기간이 다르기 때문에 가격이 다릅니다. 온라인에서는 현금가나 묶음으로 결제하면 더 저렴하게 구입할 수 있습니다. 그러니 마음에 든다고 해서 바로 구입하지 말고, 계속 알아보고 기다리면서 가장 최적기에 구입하는 것이 요령이랍니다.

가구 재배치 해보기

가구 옮기기
가구를 혼자서 옮길 때, 절대로 그 무거운 가구들을 들어서 옮기려 하면 안 됩니다. 십여 년 전 처음으로 이사할 때 기사분들에게서 배운 방법인데요. 이렇게 매트를 바닥에 끼운 다음 당기면 쉽게 옮길 수 있습니다.

1 아무리 예쁘게 꾸며놓았다 하더라도 오랜 기간 동안 살다 보면 분위기 변화를 주고 싶은 게 인지상정. 그러나 큰돈 들이기 힘들 땐 기존의 가구를 재배치하는 것만으로도 분위기를 바꿀 수 있습니다. 이곳은 원래 와이드 수납장이 있는 곳이었는데요. 이렇게 티테이블과 의자, 카페라는 이니셜 문구만으로 멋진 커피 타임을 즐길 수 있는 곳이 되었답니다. 기존의 소품과 가구들을 간단하게 재배치만 해주었는데도 기분만은 새롭고 신선해서 좋았어요.

2 기존의 와이드 테이블은 아일랜드 식탁 겸 홈바처럼 사용하고 있답니다. 와이드 수납장을 구입할 때부터, 장식과 수납을 고려해서 신중하게 산 것이라 이렇게 어떤 장소에서도 빛을 발합니다. 제품 하나를 구입하더라도, 디자인, 가격, 실용성, 장식성 등을 꼼꼼히 따져서 구입한 결과라고 할 수 있지요.

침실

R E M O D E L I N G

공사하기 전 침실

1 침실은 공사를 따로 한 건 없습니다. 있는 가구를 재배치한 정도랍니다. 침대 헤드를 창가가 아닌 긴 벽면 쪽으로 하기엔 치수가 모자란 데다가 앞쪽 벽면에 TV가 있기 때문에 이렇게 배치했습니다.

2 벽면은 뮤럴벽지로 도배했는데, 그림 자체는 너무 예쁘지만 기온에 민감해서 추운 날씨에 환기시키려고 문을 열어 놨더니 길게 찢어져 버렸습니다(뮤럴벽지를 생각하고 계신 분이 있다면 주의하시길 바랍니다).

3 침대 앞쪽으로 보이는 곳에는, 실크벽지로 도배하고 텔레비전 아래로는 콘솔을 두었습니다. 양면시계는 아침에 눈을 떴을 때 바로 시간을 확인할 수 있어 참 편합니다.

4 침실의 분위기를 손쉽게 바꿀 수 있는 방법은 침구와 롤스크린을 활용하는 것입니다. 같은 공간인데도 분위기는 확연히 달라보이죠?

파우더 룸

R E M O D E L I N G

공사하기 전 파우더 룸

1 핑크 벽지를 바르고 포크아트 거울을 달아서 새로운 분위기를 연출해보았습니다. 벽 등은 10년이 넘었지만 관리를 잘 해놓은 덕분인지 새것처럼 깨끗합니다.

2 월넛 색상의 서랍과 문은 무광의 시트지를 바르고, 그 위에 장식 몰딩을 덧대어 새로운 모습으로 바뀌었습니다.

집 대부분의 가구나 가전제품들이 결혼할 때 구입한 것이라 10년 넘은 것들이 많아요. 앞 장에서도 말했듯이 얼마나 관리를 잘 하느냐에 따라 그 생명력은 훨씬 길게 갈 수 있다는 것, 잊지 마세요.

주방

REMODELING

1 주방도 크게 공사한 건 없어요.

2 노란색 커튼과 기존에 있던 장식장, 와인 랙을 두어 카페 분위기를 냈습니다.

3 식탁이 거실에 있어 식사할 때 동선이 길어지긴 했지만, 습관이 되니 그렇게까지 불편한 건 모르겠더라고요.

4 주방 보조 베란다입니다.

5 핑크색으로 탄성 코팅을 입혀서 누수와 결로를 방지했습니다.

285

딸의 방

REMODELING

공사하기 전 딸의 방

1 벽지는 제가 상품으로 받은 벽지로 도배했고요. 모두 기존에 있던 가구들로만 재배치했습니다.

2 월넛 도어는 화이트 시트지와 장식몰딩으로 공사하였습니다.

3 샹들리에는 단골 인터넷 쇼핑몰과의 친분으로 아주 저렴하게 구입할 수 있었습니다. 개인 인터넷 쇼핑몰은 대형 오픈마켓보다 가격대가 대부분 높지만, 단골 매장으로 친분을 쌓다 보면 세일할 때 훨씬 실속 있게 구입할 수도 있습니다.

4 독서하는 여인의 그림을 액자로 걸어두어 여유롭게 책을 읽는 분위기를 조성했습니다.

아들의 방
REMODELING

공사하기 전 아들의 방

1 이사 오기 전과 거의 다를 바가 없
지만 물고기 무늬의 샤워커튼 대신
산토리니의 벽지를 발랐습니다.

2 여러 가지 가구를 배치하는 것보다,
세트처럼 통일감 있게 꾸몄습니다.

3 통일감을 위해 모든 가구나 소품을
비슷한 콘셉트로 구입했습니다. 아
들 방은 바다 콘셉트라 거울, 토이
박스, 커튼도 비슷한 분위기입니다.

욕실 REMODELING

공사하기 전 욕실

1 개인적으로 어두운 색상보다 화사하고 밝은 색감을 좋아해 핑크타일과 화이트패널로 꾸몄습니다.
2 기존 수건걸이 대신, 상품으로 받은 쉐비 수납장을 달았습니다.

3 제 취향이 담긴 욕실 소품으로 꾸며진 욕실 내부입니다.

신발장 REMODELING

공사하기 전 신발장

1 신발장 앞의 대형 거울은 커튼으로 장식했습니다.

2 화이트 시트지와 장식몰딩으로 공사했습니다.

3 처음에는 다른 모양의 몰딩을 사용 할까 했지만, 개인적으로 제가 좋아하는 패턴이라 딸의 방과 같은 것으로 했습니다.

현관

갤러리 창문과 의자로 아늑한 현관 분위기를 내어 보았습니다. 창문의 손잡이 하나, 커튼 하나까지도 직접 일일이 찾아내어 구입한 것입니다.

만약 리모델링을 생각한다면, 되도록이면 준비 기간을 오래 두고 많이 공부하고, 알아보고, 자신만의 스타일을 완성해 나가는 것이 중요한 것 같습니다. 업체의 전문성과 고유의 감각이 더해진다면 그보다 좋은 게 없다고 생각합니다.

291

베란다 REMODELING

베란다는 활용하기에 따라 다양한 공간으로 변신할 수 있습니다. 기존의 수납장과 커튼을 이용하여 셀프인테리어로 스탠딩 홈 바 처럼 바꾸었어요.

공사하기 전 베란다

1 주방보조 베란다에 있던 수납장을 가져다 놓고 문에는 에펠탑이 보이는 포인트 시트지를 붙였습니다. 꽃 스툴도 살짝 보이네요.

2 따뜻한 분위기에는 역시나 커튼이 최고, 기존 빨래 건조대의 봉을 커튼봉 삼아 끼워 넣고 장구 커튼처럼 묶었습니다.

3 와인과 파티 이니셜보드, 비즈 촛대, 케이크 그릇만으로도 근사한 분위기가 연출되었습니다.

4 트레이에는 케이크 보드와 와인 잔 등으로 홈 바 분위기를 돋우었습니다.

5 빨래건조대가 있던 기존의 삭막한 베란다와는 분위기가 많이 달라졌지요? 어떻게 활용하느냐에 따라, 같은 공간이라도 다르게 변신할 수 있답니다.

인테리어 시 지켜야 할 원칙

주부에게 집이란 어떤 의미일까요? 사랑하는 사람과 함께 사는 보금자리로 가장 소중한 공간일 겁니다.

그곳이 전세든, 월세든, 자가주택이든, 아파트이든, 반지하방이든.

또 자신의 인테리어 취향이 로맨틱이든, 모던이든, 앤틱이든, 빈티지이든.

둘이서 살든, 시부모님을 모시고 살든 말입니다.

저에게 집 꾸미기란, 단순히 예쁘게 장식하는 데 그치는 것이 아니라, 나만의 창조성과 열정을 발휘하는 것이기도 합니다.

저희 집은 아주 사소한 소품 하나에서부터, DIY, 데코에 이르기까지 제 손길이 미치지 않는 곳이 없는 제 '창작품'이라고 해도 과언이 아닙니다. 제가 이제껏 집을 꾸미면서 느낀 저만의 노하우를 정리하면 다음과 같습니다.

첫째, 예쁜 집 꾸미기 제1원칙은 첫째도 둘째도 '수납'입니다.

오래되거나 사용하지 않는 것들은 계절이 바뀔 때마다 대청소를 해주고, 수납 박스를 이용하여 잘 정리를 해주어야 집이 안정되어 보입니다. 자주 사용하는 것은 잘 보이는 곳에, 그 외 것은 안쪽에 정리해주세요.

되도록 장식과 수납을 동시에 해결하도록 하세요. 수납만 잘하고 제자리에 정리 정돈만 잘해도 집은 깔끔해집니다.

둘째, 각각의 방에 따라 콘셉트를 정해 다른 느낌을 내도록 하세요.

비즈, 액자, 커튼, 꽃과 같은 모티브를 자주 사용했지만, 느낌은 각 방에 따라 다르게 꾸몄습니다.

셋째, 소품 구입 시 발품을 많이 파세요. 발품을 많이 팔수록 더 예쁘고 저렴하게 구입할 수 있습니다.

온라인이든, 오프라인이든, 나름대로 쇼핑노하우가 생기게 되죠. 저희 집 스타일이 화려해보여서 돈이 많이 들었겠다는 분들도 계시지만, 사실은 거의가 발품 팔아 저렴하게 꾸민 것들이에요. 또 제가 직접 DIY한 것들이라 비용도 거의 안 들었답니다.

넷째, DIY나 리폼은 완벽해야 한다는 생각을 버리세요.

상품으로 판매되는 것이 아니라 개인이 직접 만든 것은 멀리서 보면 예뻐 보이지만 가까이서 보면 결점이 눈에 띄기도 합니다.

실수투성이고 완벽하진 않지만 자신만의 사랑과 노력이 들어 가는 것이 DIY라는 사실을 잊지 마세요.

다섯째, 가구나 조명은 튼튼하고 비싼 것을 사고 작은 소품이나 패브릭으로 변신을 시도하는 것이 좋습니다.

같은 옷이라도 어떻게 코디하느냐에 따라 달라지듯, 같은 물건이라도 어디에 배치하느냐, 어떻게 매치시키느냐에 따라 분위기나 느낌이 많이 달라집니다.

속옷을 잘 입어야 진짜 멋쟁이라는 말이 있듯, 인테리어도 안 보이는 곳, 신경 잘 안 쓰는 곳을 더욱 예쁘고 깔끔하게 꾸며야 합니다.

여섯째, 자신만의 스타일을 갖고 꾸미도록 하세요.

예쁜 소품이나 TV장, 체스트, 벨벳 소파 등을 보면 너무나 갖고 싶고, 다른 예쁜 집을 보면 부럽기도 합니다. 다른 집을 부러워만 할 것이 아니라, 그 집의 센스를 배워 나만의 것으로 승화시키는 것이 중요합니다.

CAFE

PART 04

참 쉬운
살림의 기술

01

주부를 도와주는
메모의 기술

시간의 노예가 되지 않고, 주인이 되기 위해선 자신의 삶을 관리하는 '실천'이 필요한데, 그 실천을 도와주는 것이 바로 '메모'의 습관화입니다.

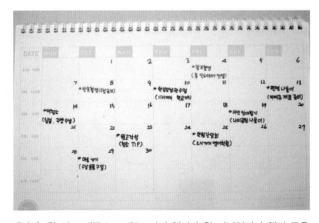

01 | 한 달 스케줄 노트예요. 미리 챙겨야 할 기념일이나 행사 등을 한눈에 볼 수 있게 기록해둡니다. 잊지 말아야 할 중요한 일은 형광펜으로 표시합니다. 그 달 해야 할 살림이나 청소, 수납 등에 대해서도 기록해두면, 주기적인 관리를 할 수 있습니다.

02 | '데스크 다이어리'입니다. 메모할 수 있는 공간이 많아 그날 해야 할 일들과 식단, 장 볼 재료, 그날 입을 옷 코디 등, 필요한 것들을 상세하게 적어놓습니다.

03 │ 보드에는 그날 할 일을 순서대로 짧게 메모해두고 데스크 다이어리에 있는 일들과 비교합니다. 중요한 일에는 별 표시를 해두었습니다.

04 │ 스탠딩 달력에는 중요 일정들만 체크해서 잊지 않도록 합니다.

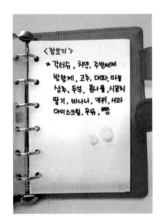

05 │ 매일 핸드백에 가지고 다니는 핸디수첩입니다. 머릿속에 떠오르는 아이디어나 잊지 말아야 할 일들, 그날 일정, 장 볼 재료, 그날 쓴 지출 등을 기록해둡니다.

핸디수첩에 그날 쓴 지출을 잊지 말고 바로 기록해두세요. 그러면 가계부 작성할 때 10원 단위까지 정확하게 기록할 수 있어요.

저는 결혼 첫해부터 쓴 가계부를 지금도 가지고 있는데, 몇 년이 지나면 그해 총지출과 수입을 기록한 맨 마지막장만 따로 보관해둡니다.

살림하는 주부로서 수입과 지출을 한눈에 꿰뚫어 보는 것은 매우 중요한데, 그래야 현재의 수입과 지출을 어떻게 운용해야 하는지, 미래 설계는 어떻게 해야 하는지가 손에 잡힙니다.

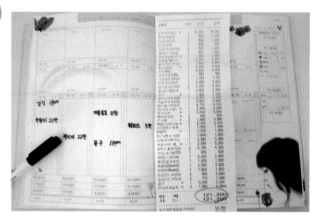

06 | 가계부입니다. 요즘은 인터넷 가계부도 많이 활성화되어 있으니, 한번 활용해보는 것도 좋을 듯합니다.

07 | 그날 쓴 지출과 수입 등을 현금과 카드 내역으로 구분하여 쓰고, 영수증은 잊지 않고 붙여둡니다.

08 | 20여 년 가까이 써오고 있는 일기입니다. 이렇게 많은 기록이 힘들면 '핸디수첩'과 '가계부', 이 두 권만이라도 꼭 생활화하길 바랍니다.

02

깨끗한 옷감을 위한
오염물 제거의 기술

요즘 나오는 세제나 도구들을 적극 활용해서 빨래할 때 시간과 노력을
절감하는 오염 제거 상식을 소개하겠습니다.

김치
국물 제거

01 | 요리를 하거나 식탁을 차
리다 보면 김치 국물이
묻기 쉽습니다.

02 | 식초와 주방세제를 1 : 1
로 섞어서 분무기로 뿌려
준 후 힘 있게 비벼 빨아보니 이
렇게 말끔히 쏘옥 지워졌습니다.

01 커피를 엎질렀을 때도 난감한데요.

02 그럴 때는 키친타월이나 휴지에 따뜻한 물을 적신 후,

03 얼룩진 곳에 대고 살짝 눌러주면 됩니다.

04 커피물이 묻어나온 후 세제로 살짝 비벼 빨면 쉽게 제거됩니다.

01 여성분들은 목 부분으로 끼워 넣어야 하는 티셔츠에 립스틱이 묻어 날 때가 종종 있죠? 립스틱의 유분기 때문에 잘못하면 얼룩이 더 번져버리는 사태가 생기곤 하는데요.

02 그럴 땐 소독용 알코올을 수건에 묻혀 얼룩 부위를 톡톡 두드리세요.

03 그 다음 칫솔에 세제를 묻혀 살살 문지른 후 헹구면 립스틱 자국이 거의 남지 않습니다. 립스틱 전용 메이크업 리무버를 묻힌 후, 비벼 빨아도 어느 정도 지워집니다.

외출 시 얼룩 제거법

집에 있을 때에는 바로 얼룩 제거를 쉽게 할 수 있지만, 외출 시나 물이 없는 곳에서는 힘들잖아요?

그럴 땐 핸드백에 휴대용 물티슈 하나 넣고 다니면 유용하답니다. 얼룩을 문지르듯이 하면 더 번지니까 조심하고, 톡톡 두드리듯이 해서 얼룩을 흡수시키면 어느 정도 초기 대응은 할 수 있습니다.

그리고 옷에 오염물이 묻었을 경우에는 뒷면에 묻어나지 않게 홑겹이 되도록 한 후 얼룩 제거를 해주세요.

핏자국이 묻은 옷을 뜨거운 물로 세척하면 혈액이 응고되어 빨기가 힘듭니다.
옷을 수건 위에 놓고 얼음으로 문지르면 피가 모두 수건으로 스며들어 깨끗해집니다. 오래된 혈흔은 30분 이상 차가운 소금물에 담갔다가 세탁하거나, 과산화수소수로 닦으면 됩니다.

01 립스틱과 함께 옷을 오염시키는 화장품이 파운데이션이나 파우더 팩트입니다.

02 그런 화장품류는 폼 클렌싱으로 간단하게 지울 수 있답니다.

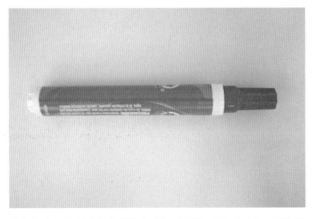

01 요즘은 이렇게 휴대할 수 있는 스틱형 오염 제거제도 나와 있습니다. 주부들의 필요에 의해서 끊임없이 새로운 상품들이 나오는 것이겠지요?

02 바비큐 소스를 묻혀보았습니다.

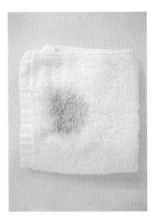

03 | 처음 티슈로 살짝 오염 제거를 하고요.

04 | 오염 제거제를 힘있게 원 모양으로 펴 바릅니다.

05 | 바비큐 소스가 많이 제거 된 모습 보이시죠?

06 | 스틱 오염 제거제로 응급처치를 한 후 집에 와서 세제로 씻으면 말끔히 제거됩니다. 오염물 제거는 묻은 그 순간, 바로 1차 처방이 중요하다고 말씀 드렸지요? 이런 휴대용 제거제 하나쯤 있으면 오염 때문에 옷을 못 입게 되는 경우가 많이 줄어들 것 같네요.

01 바지나 셔츠에 주머니가 있으면, 꼭 그 안에 동전이나 다른 물건들이 없는지 확인하세요.

02 바지의 지퍼나 단추는 꼭 잠가야 옷의 수명이 길어집니다.

03 청바지는 처음 구입했을 땐 단독으로 세탁해서 다른 옷에 색깔이 번지는 것을 방지해주어야 합니다.

04 세탁하고 나서 옷들이 서로 온통 엉켜 있는 걸 방지하려면, 소매는 안쪽으로 넣어주세요.

05 단추가 있는 셔츠는 소매의 단추 구멍을 앞섶 맨위 단추에 끼워 넣으면 엉킴을 막을 수 있습니다.

06 세탁하기 전, 반드시 옷 안쪽에 있는 라벨의 세탁방법을 보고, 손세탁이 가능한지, 드라이클리닝을 해야 하는 옷인지 등등을 확인하세요.

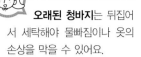
오래된 청바지는 뒤집어서 세탁해야 물빠짐이나 옷의 손상을 막을 수 있어요.

07 │ 옷깃이나 소매, 묵은 때는 오염 제거 세제를 뿌려주세요.

08 │ 브래지어는 울샴푸에 넣어서 손으로 조물조물 세탁해주는 것이 좋지만, 그럴 시간이 없을 경우 전용 세탁망에 넣어 세탁기에 넣어주세요.

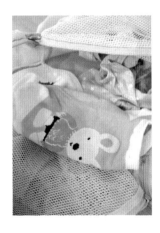

09 │ 양말이나 약한 섬유의 옷도 따로 세탁망에 넣어주세요. 특히 널 때도, 큰 옷감들을 넣고 나서 양말이나 속옷 같은 작은 세탁물을 마지막에 망에서 꺼내는 것이 훨씬 편합니다. 작은 옷감들이 큰 옷감에 엉켜 있으면 하나하나 분류하는 것도 일이거든요.

10 | 오염이 심한 운동화는 따로 손으로 깨끗이 빨아주어야 하지만, 때가 덜 탄 운동화는 전용 신발망에 넣어서 오염제거제를 뿌린 후 세탁해도 괜찮습니다.

운동화를 옷과 함께 세탁하는 것은 금물, 운동화만 따로 모아서 한꺼번에 세탁해야 하고 아끼는 운동화라면 단독으로 손세탁을 하는 것이 좋습니다.

세제 구분해서 사용하기

세제는 가루와 액체가 있는데, 세제 찌꺼기가 덜 남는 것은 액체 세제입니다. 특히 이불 같은 큰 빨래는 군데군데에 가루 세제가 남을 수 있습니다. 저도 가루 세제를 일일이 테이프로 제거하느라 고생한 기억이 있습니다.

하지만, 액체 세제도 그 유해성이나 기능성에 대해서 논란이 되고 있으므로 되도록이면 천연 성분의 세제를 구입하는 것이 좋을 것 같습니다.

드럼 세탁기와 일반 세탁기의 세제가 다르니 반드시 확인해서 구입하세요.

11 니트나 실크머플러, 스타킹 같은 옷감은 세탁기에 돌리지 말고 울샴푸나 세제를 따뜻한 물에 풀어서 가볍게 손세탁한 후 탈수만 하는 것이 좋습니다.

12 이불 빨래를 할 때에는 밸런싱을 맞추기 위해 수건 서너 개를 함께 넣어주세요.

13 그리고 이불을 그냥 아무렇게나 넣지 마시고, 사진에서처럼 둥글게 잘 말아서 넣어주셔야 합니다.

세탁기 청소법

헹굼 물에 식초를 넣거나, 섬유유연제를 사용하는데도 옷에서 냄새가 날 때가 있는데요. 여러 가지 원인이 있겠지만 세탁기의 오염도 이유입니다. 세탁조의 오염 때문에 세탁이 아니라 오히려 세균을 옷에 묻히는 경우가 발생할 수 있으니 세탁기 관리도 중요합니다. 세탁기를 어느 정도 사용하다가, 세탁기의 고무 패킹 있는 홈 부분을 잘 들여다보세요.

홈 부분을 나무젓가락을 이용하여 천으로 닦아보면 옷에서 나온 보풀찌꺼기와 물때가 끼여 있는 것을 발견할 수 있습니다.

정기적으로 세탁조 세정 살균제를 사용해 세탁조를 청소해주세요. 세제투입구가 아닌 세탁조 내에 넣어야 하거나, 일반용과 드럼세탁기용이 따로 있기도 하므로 반드시 '주의사항'을 잘 읽어보고 사용하세요. 요즘은 '통 세척 건조' 기능이 따로 있는 세탁기도 많으니, 정기적으로 이 기능을 사용하기를 권합니다. 하지만, 이런 여러 가지 방법으로도 개운치 않다 싶으면 세탁조 청소 전문 업체의 서비스를 받는 것도 방법입니다.

14 | 홑겹과 속청이 분리되는 사철용 이불은 홑겹과 속청을 분리합니다. 속청은 패브릭 청소기나 진공청소기로 먼지를 제거한 후 햇빛에 건조시키고, 홑겹은 더러워진 부분을 애벌빨래한 후 세탁기에 돌립니다.

15 | 건조된 후에는 홑겹을 뒤집어서 속과 맞댄 후 끈으로 묶어 고정시킵니다.

16 | 다시 홑겹을 뒤집어서 바로 한 후 지퍼를 잠그고, 네 귀를 힘주어 당겨 이불 모양을 바로 잡습니다.

03

보송보송한 감촉을 위한
빨래 건조의 기술

세탁된 옷에서 냄새가 날 때가 있는데, 이는 세제가 덜 헹구어졌거나, 건조가 덜 되었기 때문입니다. 특히 장마철이나 습한 날씨, 실외에서 빨래를 말리기 힘든 겨울에 곰팡이와 세균 번식이 많아집니다. 빨래를 잘 말리는 것, 그것만으로도 옷의 냄새를 없애고, 다림질이 편해질 수 있어요. 그럼 이제부터 하나하나 알아보기로 할까요?

세탁이 끝난 옷들은 빨래가 종료되는 즉시 널어야 합니다. 세탁기 안의 온도와 습기는 세균 번식의 온상이 됩니다. 오후나 밤이 아닌 오전에 말려야, 자외선과 햇볕을 최대한 많이 받아서 빨리 마릅니다.

01 │ 건조대 아래에 은박돗자리를 깔아놓으면 반사광 덕분에 마르는 효과가 커집니다. 빨래를 널기 전, 힘 있게 3~5번 정도 탁탁 털고 널어주세요.

02 │ 건조대 중간 정도에 허리 높이의 스툴이나 받침대를 두어 바구니를 얹어둘 수 있도록 하세요.

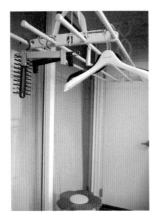

03 | 건조대 봉의 남는 부분에는 옷걸이와 치마 걸이를 걸어두세요. 접어서 거는 것보다, 옷걸이에 걸어서 너는 것이 통풍이 잘 되어 잘 마릅니다.

04 | 바람과 햇빛이 잘 통하는 창문이 열린 쪽으로, 두껍고 긴 옷 위주로 걸어야 옷이 잘 마르고 긴 옷, 짧은 옷 교대로 걸어야 통풍이 잘 됩니다.

05 | 속옷은 접어서 거는 것보다 봉에 끼워서 말리는 편이 훨씬 잘 마릅니다. 팬티는 뒤쪽에 숨겨두고, 러닝 셔츠를 앞쪽에 걸어야 마주보는 다른 집에서 보이지 않겠죠?

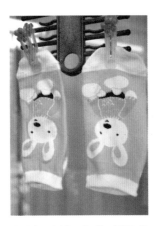

06 | 양말을 널 때는 발끝 쪽을 집어주세요. 발목 고무 밴드 쪽을 집으면 젖은 양말 무게와 집게 힘 때문에 늘어날 수 있습니다.

07 | 수건을 널 때는 햇볕을 잘 받을 수 있도록 8:2 비율로 접어주세요.

08 | 앞쪽에 짧은 빨래를 널어야 뒤쪽까지 햇빛과 바람이 갈 수 있습니다.

09 바지는 벨트 부분이나 주머니쪽이 두꺼워서 잘 마르지 않기 때문에 밑단쪽을 집어주세요.

10 바지를 집게로 집지 않고 널어야 할 경우에는, 사진처럼 엉덩이 부분이 많이 겹치게 접지 마세요. 두꺼워서 잘 마르지 않습니다.

11 위 사진처럼 다리 부분이 접히게 널어야 훨씬 잘 마릅니다.

12 바지는 양쪽에서 두 손으로 탁탁 힘 있게 두드려 주는 것만으로도 주름이 많이 펴집니다.

13 컬러가 있는 셔츠나 후드 점퍼는 단추나 지퍼를 채워주고 뒤집어서 컬러 부분이 아래쪽으로 향하도록 해야 물이 아래로 쏠려 주름이 펴집니다.

14 티셔츠나 블라우스를 널 때 옷걸이를 아래쪽부터 넣으세요. 그래야 옷의 변형을 막을 수 있습니다. 목 있는 쪽으로 옷걸이를 넣으면 금방 목 부분이 늘어납니다.

15 바지집게를 사용할 때 홈 부분 때문에 옷에 자국이 남을 수 있는데, 포일로 몇 번 집게 부분을 감싼 후 투명테이프를 붙혀주면, 자국이 훨씬 덜합니다.

16 드라이클리닝한 옷은, 반드시 비닐커버를 벗겨낸 후 완전히 말린 후에 옷장에 보관하세요. 그래야 옷에 곰팡이나 좀이 슬지 않습니다.

장마시
빨래
말리는법

01 | 장마철이나 날씨가 습한 날에 옷이 잘 마르지 않을 때는 수건을 옷의 앞뒤로 덮습니다.

02 | 그런 후 발로 자근자근 밟거나 손으로 두드려 물기를 빼주면, 훨씬 빨리 마릅니다.

03 | 급하게 옷을 말려야 할 경우 전자레인지에 20~30초 정도 말리는 방법도 있습니다. 자칫하면 '아차' 하는 순간, 옷이 타버리니 반드시 '응급처치'로만 사용하세요.

04 | 효과가 덜하긴 하지만, 큰 비닐봉지에 옷을 넣고 입구에서 드라이어의 더운 바람을 쏘아주는 방법도 있습니다.
옷을 완전히 말리지 않으면, 냄새와 주름의 원인이 되므로 장마철이나 겨울에는 실내 건조대를 사용하고 보일러를 트는 방법을 권합니다.

건조대 활용하기

01 실내 건조대는 보통 날개 모양의 스테인레스 건조대를 많이 사용합니다.

02 하지만 제가 직접 사용해본 결과 '원형 건소대' 노 좋았습니다. 공간도 적게 차지하고, 빨래를 빼낼 때도 편하고, 바퀴가 있어서 이동하기도 편합니다. 또 봉에 직접 널 수도 있고, 옷걸이에 걸 수도 있어 옷이 많이 걸립니다. 창문을 열고, 선풍기를 틀면 옷이 훨씬 빨리 마르기도 합니다.

03 결혼 초에는 손님들을 초대할 경우가 많을 겁니다. 옷은 말려야겠는데 거실에 들어서자마자 빨래가 있으면 분위기를 망칠 수도 있잖아요? 그럴 땐 원형 건조대 앞에 파티션을 두면 좋습니다.

04 거실에 들어섰을 때 감쪽같이 가려준답니다.

05 파티션은 장마철에 이불이나 패드를 세탁하고 말릴 때, 건조대 대용으로도 사용할 수 있어, 하나쯤 있으면 좋은 아이템입니다.

06 원형 건조대는 봉의 면적이 좁아서 보기 싫게 옷 접힌 자국이 생길 수 있어요. 그럴 땐 쿠킹 포일심에 시트지를 붙인 후,

07 봉에 끼워서 사용하면, 옷 접힌 자국이 남지 않아 좋습니다.

08 사용하지 않을 때는 이렇게 접어서 베란다 문 뒤에 쏘옥 숨겨두면 문을 여닫는 데 지장도 없이 보이지 않게 수납할 수 있습니다.

04

자존심을 세워주는
다림질의 기술

와이셔츠를 입는 직장인에게 다림질도 보통 일이 아니지요. 순서도 없이
마구 다리다 보면 생각지도 않은 주름이 생기기도 하는데요. 순서를 잘
보고 몇 번 다려보면 금세 손에 익을 거예요.

와이셔츠
다리기

01 칼라깃의 안쪽부터, 양끝
에서 화살표 방향을 따라
다립니다.

02 바깥쪽 칼라의 깃을 다립
니다.

03 소매 안쪽도 양끝에서 가
운데 방향으로 다립니다.

04 | 소매 바깥쪽을 다립니다.

05 | 소매는 봉제선을 맞춘 다음, 한손으로 솔기 부분을 잡아당기듯 다립니다.

06 | 등판 위쪽을 다립니다.

시판 다림 풀을 사용할 때에는, 실크류를 제외하고 물세탁이 가능한 옷에 사용하면 됩니다. 색상이나 무늬가 있는 옷에는 우선 보이지 않는 안쪽에 시험 사용을 먼저 한 후 사용하세요. 20~30cm 거리를 두고 분무하고, 분무가 막혔을 때에는 따뜻한 물에 5분간 담그면 됩니다.
얼룩이나 변색이 생겼을 때는 다시 물세탁을 합니다.

다림질의 규칙

다음과 같은 몇 가지 요령만 알면 훨씬 수월하게 다림질을 할 수 있습니다.

· 빨래를 널 때 잘 털어서 모양을 살린다.

· 완전 건조되기 전, 조금 물기가 있을 때 다림질한다.

· 다림질하지 않는 손으로는 다림질감을 잡아 당기듯해서 주름을 펴준다.

· 다림질이 끝난 후 바로 걸지 말고, 햇볕에 한 번 말린 후 건다.

· 보관할 때, 간격을 두어 주름이 생기지 않도록 한다.

07 | 앞판은 뒷면에 주름이 가지 않도록 옷을 잘 편 다음 다립니다. 어깨선을 다릴 때는 한손으로 옷깃을 잡고 당기면서 위에서 아래로 다립니다.

08 | 단추 부분은 다리미의 끝부분을 사용해서 단추 사이를 다리면 됩니다. 단추에 다리미가 닿지 않도록 주의하시고요.

09 | 마지막으로 등판 중앙의 주름을 잡아가면서 다립니다.

바지 다리기

01 | 옷이 우는 것을 방지하기 위해, 바지를 뒤집어서 시접과 안감을 다려준 후 허리 안쪽을 다립니다. 뒤집은 상태이기 때문에 겉감 허리를 다리는 것이 됩니다.

02 | 다시 바지를 뒤집어 바로 펴서 허리의 안감을 다립니다.

03 | 한손으로는 허리를 잡아 당기듯해서, 엉덩이 부분에 주름이 생기지 않도록 다립니다.

04 | 바지 안쪽 가랑이 부분의 주름을 잡고 위에서 아래 방향으로 다립니다.

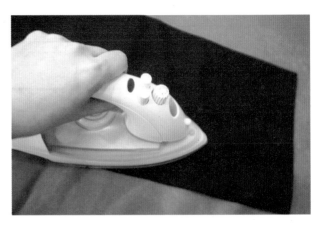

05 | 다리 바깥쪽 부분을 위에서 아래로 내려오면서 다립니다.

다리미로 주름 잡는 법

TV에서 보니, 세탁의 달인 분이 나와서, 바지 주름을 잡을 때는 집게로 잡은 후 아래쪽부터 하나씩 집게를 빼면서 다리면 된다고 하더군요.

06 | 바지의 지퍼를 열고 다리미 앞부분에 힘을 주어 다립니다.

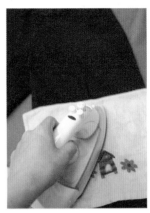

07 | 바지의 무릎 부분이 튀어나와서 보기 싫을 때는 적신 수건을 한 번 짜서 무릎 부분에 얹어놓고 다리미로 눌러주면 됩니다.

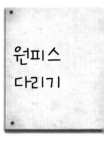

01 | 우선 뒤집어서 안감을 다립니다. 바지와 마찬가지로 시접이나 안감이 주름져 옷이 우는 것을 방지하기 위해서입니다.

02 | 허리부터는 아래로 내려가면서 다립니다.

03 | 상의 부분은 허리를 시작으로 위쪽으로 조금씩 구김을 펴가며 다립니다.

04 | 소매 부분은 소매 안에다 수건을 말아 넣고 돌려가며 다립니다.

넥타이
다리기

01 | 넥타이 넓이만큼 신문을
접어서 넥타이 안쪽에 넣
으세요.

02 | 넥타이 위에 다림질 전용
천을 대고 다립니다. 다
림질 전용 천이 없다면 그냥 얇
은 헝겊을 대고 다리면 됩니다.

03 | 남은 다리미의 잔열로 손
수건을 다리면, 꼭 덤을
얻는 듯한 기분이 듭니다.

다림질을 이용한 옷 리폼, 수선

오래된 옷이나 싫증 나서 변화를 주고 싶은 옷이 있을 때는, 다림질을 이용해서 리폼과 수선을 할 수 있어요.

핫픽스 사용법

01 핫픽스의 투명테이프를 살짝 떼어 냅니다.

02 원하는 위치에 댑니다.

03 그 위에 다림질 전용 천이나, 얇은 천을 깔아 주세요.

04 핫픽스의 접착제가 살짝 스며올 정도로, 약 10초 정도 고온의 다리미로 꾸욱~ 눌러 주세요.

05 잘 부착된 것 같으면 핫픽스 낱알이 딸려 나오지 않도록 조심하면서, 투명 테이프를 떼어냅니다.

06 밋밋한 옷에 이렇게 포인트가 되어줍니다.

아플리케 사용법

01 옷에 바느질로는 감당이 안 되는 구멍이 나거나 찢어졌을 때, 다림 아플리케를 사용해보세요. 천원 샵 같은 곳에 가면 저렴한 가격에 구입할 수 있습니다.

02 살짝 다리미로 몇 초간 눌러주면 됩니다. 구멍이 나거나 찢어진 곳을 감쪽같이 가려줍니다.

03 아들 옷에 어울리는 귀여운 동물 아플리케를 해주었더니 무척 좋아하더군요.

05

알아두면 편한
바느질의 기술

단추가 뜯어졌을 때, 솔기가 뜯어졌을 때, 옷이 찢어졌을 때, 학창시절에
배웠던 공그르기, 감치기, 박음질 같은 기본 기법만 알고 있으면 실제
생활에 유용하게 쓸 수 있답니다.

필요한 도구

01 | 옷의 두께나 감에 따라
서, 바늘과 실의 굵기와
색깔도 달라져야 합니다. 되도록
이면 옷의 색깔에 맞추어 바느질
해야 하겠지요?

02 | 왼쪽부터 재단가위, 쪽가위, 실 뜯기, 바늘, 줄자, 실 꿰기, 골무
입니다.

03 단추가 뜯어졌을 때, 바로
달면 좋겠지만, 당장 그럴
여유가 없을 때는 바느질함을 한
곳에 따로 모아두세요. 언제든 찾
아서 달 수 있도록 말입니다.

각 도구의 사용법

01 **실 꿰기** 사진에서 보
는 것처럼 실 꿰기를
바늘귀에 넣고, 실
꿰기의 구멍에 실을
넣어주세요.

02 그리고 실 꿰기를 뒤
로 빼기만 하면

03 이렇게 쉽게 실이 바늘귀에 들어갑니다.

04 **골무** 청바지나 두꺼운 옷감을 바느질할
때는 어느 정도 힘이 들어가야 하므로 필
요합니다.

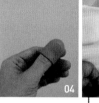

05 **실 뜯기** 이것으로 실을 뜯어내면, 옷감이
상하는 일 없이 쉽게 실을 뜯어낼 수 있습니다.

홈질

01 천과 천을 잇는 가장 쉬
운 바느질, 홈질입니다.
우선 천 밑에서 실을 빼냅니다.

02 일정한 간격을 두고 바늘
을 꽂습니다.

03 다시 아래쪽에서 실을 빼
내고요.

04 │ 또 아래쪽으로 바늘을 꽂습니다.

05 │ 일정한 간격을 두고 위의 순서를 반복하는 것이 홈질입니다.

박음질

01 │ 좀 더 솔기를 튼튼하게 하고 싶을 때 사용하는 박음질입니다. 천 밑에서 바늘을 올린 후, 한 땀 간격을 두고 바늘을 꽂습니다.

02 │ 다시 아래에서 그만큼 되돌아옵니다.

03 │ 일정한 간격을 두고 위 순서를 반복하면, 사진과 같은 박음질이 됩니다.

01 옷의 단을 꿰맬 때, 겉으로 바느질 땀이 보이지 않도록 하는 공그르기입니다. 시접을 안으로 꺾어, 안과 안이 마주 보게 한 후, 시접 아래쪽에서 시작합니다.

02 최대한 얇은 땀을 위쪽에 뜹니다.

03 아래쪽에서 홈을 통과해 최대한 얇게 뜹니다.

공그르기

04 다시 위쪽으로 얇은 땀을 뜹니다.

05 위와 같은 순서를 반복하면, 바느질 땀이 거의 보이지 않는 공그르기가 완성됩니다.

01 단추가 뜯어졌을 때는, 단추를 달 위치를 잡고 아래쪽에서 단추 구멍을 통과합니다.

02 다시 위쪽으로 얇은 땀을 뜹니다.

03 다른 쪽 단추 구멍으로 바늘을 꽂습니다.

04 튼튼하게 2~3번 정도 통과합니다.

05 | 단추의 아래에서 실을
2~3번 감아 실기둥을
만들어, 튼튼하게 해줍니다.

06 | 바늘을 아래쪽으로 꽂습
니다.

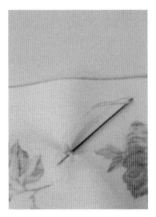

07 | 고리를 만들어 매듭을 지
어줍니다.

08 | 쪽가위로 실을 단정하게
잘라주면 됩니다.

06 요긴하게 쓰이는
작은 살림의 기술

식탁에서 밥을 먹으면서 어질러져 있는 싱크대를 보면 밥맛도 떨어질거 예요. 프로 주부들을 보면 맛난 요리를 하면서도 싱크대는 얼마나 깔끔 한지 모릅니다. 그러나 그것이 그렇게 어려운 것이 아니랍니다.

요리시
싱크대
사용법

01 그날 만들 요리 재료들을 냉장고에서 한 번에 꺼내 미리 준비해놓습니다.

02 음식물 찌꺼기는 따로 담 아놓고요.

03 재료에서 벗긴 비닐이나 휴지들은 바로 휴지통에 넣습니다.

04 | 재활용쓰레기들도 바로 버립니다.

05 | 잊지 마세요. 중간 중간 치우면서 해야 온갖 재료와 도구들로 둘러싸여 정신없는 상태에서 벗어나 요리에만 집중할 수 있습니다.

요리할 때 대부분 찌개나 국 하나씩은 만들죠? 그럴 때 사진과 같은 세 가지 그릇을 옆에 미리 준비하면 일이 훨씬 편해진답니다. 이 세 가지 그릇들은 한식의 찌개나 요리를 만들 때 거의 항상 필요하므로 요리할 때 반드시 챙기세요.

❶ 재료들을 냄비에 넣을 때 원형 접시보다는 이렇게 앞이 오목하고 길쭉한 그릇을 이용하면 재료를 넣기도 편하고, 새지도 않아서 참 좋습니다.

❷ 보통 육수 재료들을 넣고 끓이다가 체로 건져서 개수대로 가져가는데요. 접시에 받쳐서 가져가면 깔끔하게 처리할 수 있어요.

❸ 조리하다가 젓가락, 계량스푼, 조리 도구들을 잠깐 놓아야 할 때가 있는데 싱크대 상판에 그냥 얹어두거나 걸쳐두는 것보다는 컵에 담아놓으면 훨씬 일하기 편합니다.

01 | 양파나 파를 썰 때 양초를 켜두면 초가 탈 때 나오는 그을음이 양파의 매운향을 없애줍니다. 또, 찬물에 담가놓았다가 껍질을 벗겨도 눈물이 나오는 것을 방지할 수 있습니다.

02 | 찌개용 육수를 만들 때는 두 번째 헹군 쌀뜨물을 사용하면, 훨씬 깊고 구수한 맛을 느낄 수 있습니다. 첫 번째 헹군 물은 농약 성분이 남아 있을 수 있으니 따라 버리세요.

음식 재료 쉽게 계량하는 법

한식이 어려운 까닭이 레시피가 정확하지 않아서라는 말이 있더군요. 예전 요리책을 보면 '양념 적당량' '한소끔 끓으면' 등, 초보들은 도저히 알 수 없는 말들로 이루어진 레시피가 많았어요. 다행히 요즘은 정확한 계량, 양과 시간, 불 조절까지 상세히 적어놓은 책들이 많지만요.

저도 처음에는 책을 보며 계량스푼으로 일일이 했는데 이제는 어른들 말씀처럼 '감'이나 '손맛'이라는 것이 생기고 가족들의 입맛에 맞게 계량하다 보니 밥숟가락이나, 티스푼으로도 요리가 가능하게 되었습니다.

여러분들에게 계량스푼이 없다면, 1Ts(1테이블스푼)은 밥숟가락으로 한 숟갈 떠서 좌우로 흔들어 깎았을 때의 양, 1ts(1티스푼)은 커피 스푼으로 한 숟갈 정도의 양, 1C(1컵, 또는 200cc)은 종이컵으로 1컵 정도라고 생각하면 됩니다.

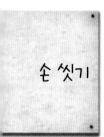

손 씻기

01 요리를 하다보면 깨끗이 손 씻는 일은 기본이므로 액체 비누를 싱크대 위에 두세요. 바쁠 때는 고체 비누보다 펌프형 액체 비누가 손 씻기에는 훨씬 편합니다.

02 마늘, 파를 손질한 후 손에 배인 냄새는 비누만으로 잘 지워지지 않아요. 그럴 때는 식초 원액을 조금 손에 비벼 씻은 후, 액체 비누로 한 번 더 헹구면 냄새 제거에 좋습니다.

폐식용유 처리와 칼 사용법

01 기름을 튀기고 남은 폐식용유는 그냥 버리지 말고, 우유팩에다 신문지를 뭉쳐 넣고 따르면 깔끔합니다.

02 사진처럼 왼손을 둥그렇게 말아 넣어서 손마디와 손을 보호하고, 자의 역할도 합니다. 그리고 재료를 자를 때는 밀듯이 앞으로 잘라야 훨씬 잘 썰립니다.

음식종류에 따른 칼의 종류

칼은 사진처럼 기본으로 5가지 정도 구비해두세요. 홀식도는 구멍이 있어 채소를 자를 때 칼에 들러붙지 않아 좋고요. 일반칼은 야채, 어류, 육류 등에 모두 사용되고, 모양칼은 묵이나 곤약, 두부 등을 예쁘게 자를 때 좋습니다.
과일칼은 과일 껍질을 벗기거나 자를 때, 빵칼은 빵과 케이크 등을 자를 때 편하답니다.

가위, 칼날이 무뎌졌을 때 대처법

01 가위나 칼날이 무뎌졌을 때는 쿠킹 포일을 몇 번 자르면, 조금 괜찮아집니다.

02 미니 사이즈의 칼갈이를 두고 이렇게 홈에다 넣고 앞에서 뒤쪽으로 몇 번 갈아주어도 됩니다.

고무장갑
관리법

01 고무장갑은 그대로 낀 채 주방세제를 묻혀 손 씻듯 깨끗이 오염을 제거합니다. 설거지통에 두면 마르는 시간이 오래 걸리고, 균도 쉽게 번식되기 때문에 장갑 낀 상태에서 마른 천으로 물기를 없애줍니다.

02 뒤집어서 햇볕에 말려야 고무 특유의 냄새를 제거할 수 있습니다. 하지만, 너무 강한 햇볕에 오래 두면 녹을 수 있으니 주의하세요.

01 │ 쌀은 되도록이면 10kg 이내의 소량 포장을 구입하세요. 특히
신혼처럼 둘이서만 먹을 경우에는 더욱 그러합니다. 쌀은 오래
될수록 맛이나 신선도도 떨어지고 특히 여름에는 쌀벌레가 생기는 경
우가 있어 난감합니다.

02 │ 쌀벌레를 방지하기 위해서는 쌀에 마늘이나 고추를 넣어두세
요. 개인적으로는, 쌀벌레 퇴치약을 한 번 사용해봤는데 쌀에
냄새도 배고 특유의 톡 쏘는 향 때문에 눈이 매워 좋지 않은 듯합니다.

03 │ 쌀은 베란다에 공기가 잘 통하는 시원한 곳에 보관하든지, 김
치냉장고에 보관하세요.

04 │ 사과는 에틸렌이 나와서 배 같은 다른 과일과는 같이 두면 안
되지만, 쌀과 함께 보관하면 쌀의 신선도를 높일 수 있습니다.
또 감자와 함께 두어도 감자의 싹을 나는 것을 방지할 수 있습니다.

05 │ 묵은 쌀은 밥하기 전 식초 1~2방울을 탄 물에 씻어 소쿠리에
받쳐두었다가, 다시 미지근한 물에 헹구면 냄새를 제거할 수
있습니다. 그리고 새 쌀은 묵은 쌀과 함께 섞지 마세요. 쌀통에 쌀을
마지막까지 다 비우고 나서, 다시 새 쌀을 넣어야 신선함을 오래 유지
할 수 있습니다.

각종 부억 살림의 지혜

주방은 가족들이 매일 먹는 음식을 조리하고 조리한 음식을 예쁜 그릇에 담아 보관하는 장소입니다. 조리하는 공간이 지저분하다면 당연히 음식도 비위생적이기 쉽습니다. 이 소중한 공간을 깨끗이 정리하는 방법을 살펴보도록 하겠습니다.

01 다 쓴 소스 관리법

소스는 거의 사용했을 때쯤 뒤집어서 보관하는데, 그때는 이렇게 페트병을 잘라서 보관 통을 만들면 흐트러지지도 않고, 양념이 흐르더라도 청소가 쉽습니다.

02 조리 도구 수납법

칸막이가 잘 되어 있는 주방 수납함이라도 다시 그 안에 페트병을 넣어서 사용하세요. 길쭉길쭉한 조리 도구들끼리 서로 엉키지도 않고, 페트병만 꺼내어 먼지를 제거하면 되므로 좁은 틈을 청소할 때도 좋습니다.

03 생선 비린내 없애는 법

생선 특유의 비린내를 제거할 때는 우유에 담그거나 맛술을 이용하여 조리하면 좋아요.

04 프라이팬 기름 제거법

① 생선이나 고기를 굽고 나서의 기름은, 열이 식기 전에 소주를 붓고 키친타월로 닦아줍니다. 이렇게 한 번 닦아주고 세제로 닦아야 수질 오염을 방지할 수도 있습니다.

04-①

04-②

② 열이 식기 전 소주를 이용했더니 기름 제거가 확실합니다. 소주 대신 밀가루를 솔솔 뿌려서 닦는 것도 좋아요. 만약 오래되어 눌어붙은 기름 때라면, 물을 붓고 식초나 베이킹 소다를 넣고 팔팔 끓인 후, 수세미로 닦으면 됩니다.

③ 생선 구운 프라이팬에는 진간장을 두세 방울 떨어뜨려서 살짝 태우면 생선 비린내가 중화됩니다.

04-③

05 주전자, 물통 물때 제거법

① 식초를 적당량 넣은 후 물을 가득 부어 하룻밤 재우거나 감자껍질을 넣고 팔팔 끓이면 됩니다.

05-①

05-②

05-③

05-④

② 손이 닿지 않는 긴 물통은 솔을 이용해서 닦아주세요. 브러시보다는 스펀지 솔이 상처 없이 닦을 수 있어 좋습니다.

③ 주전자 입구는 길고 작은 솔을 이용해서 닦아주세요.

④ 물통 뚜껑의 물때는 베이킹 소다를 솔솔 뿌리고 칫솔을 이용해서 닦아주세요. 물통의 뚜껑뿐만 아니라, 홈이 파여 있거나 글자가 새겨진 곳의 물때 제거에도 효과가 있습니다.

06 믹서기 청소법

① 날카로운 날이 있는 믹서기를 세척할 때는 달걀껍질을 넣어서 믹서기에 갈아보세요.

② 달걀껍질을 제거하고 나면 날 밑의 작은 부분까지도 깨끗해진답니다. 아참, 고무패킹도 가끔씩 빼서 세척해주시는 것 잊지 마세요.

06-①

06-②

07 리필제품 사용법

① 봉지로 되어 있는 주방 세제 리필 제품은 꼭 깔때기를 이용해서 부으세요.

② 만약 깔때기가 없거나 찾기 힘들다면, 페트병을 잘라서 뚜껑 부분을 깔때기처럼 사용할 수도 있습니다.

07-①

07-②

08 그외 살림의 지혜

- 탄산음료는 거꾸로 세워두면 김이 빠져나가지 않습니다.
- 남은 과자는 각설탕과 함께 두면 눅눅해지는 것을 막을 수 있습니다.
- 마요네즈와 케이크가 묻은 그릇은 찬물로 씻어야 물과 기름이 쉽게 분리됩니다.
- 그릇이 서로 겹쳐져서 안 떨어질 때는, 안에 든 그릇에 찬물을 넣고 바깥쪽 그릇을 따뜻한 물에 넣으면 분리가 쉬워집니다.
- 김치 통에 배인 냄새는 쌀뜨물을 넣고 하룻밤 두거나, 팔팔 끓인 물에 주방세제를 조금 풀어 거품을 낸 후 김치 통에 붓고 하룻밤 지나서 씻고 헹구면 냄새가 사라집니다.
- 삶은 달걀이나 김밥, 식빵 등은 칼을 뜨거운 물에 담근 후 자르거나, 가스 불에 데운 후 자르면 예쁘게 잘립니다.
- 볶음 요리를 할 때 기름이 튀기는 것을 방지하려면, 먼저 소금을 프라이팬에 조금 넣은 뒤 채소와 고기를 넣으면 됩니다.
- 가루 조미료가 굳었을 때는 사과 껍질과 함께 하루 동안 밀봉하면 됩니다.
- 설탕이 굳었을 때는 식빵을 넣어두면 됩니다.

07

가계부를 풍성하게 하는
장터 선택의 기술

신선한 채소와 생선은 재래시장에서, 생필품은 인터넷에서, 큰 생활용품은 마트에서 구입하는 것이 좋으며 장소에 따라 좋은 물건, 싼 물건이 달라서 장 볼 때 주부의 머리가 팍팍 돌아가야 한답니다.

 마트

장점	단점
• 식품에서 생활용품까지 원스톱 쇼핑이 가능하다. • 카트를 끌고 다닐 수 있어 장보기가 편하다. • 마트마다 각기 다른 특성이 있다. • 한곳에서 적립 포인트를 쌓으면, 쿠폰이나 카드 혜택이 있다.	• 1+1, 세일, 견물생심 때문에 충동 구매의 유혹이 강하게 일어난다. • 매장이 넓고 사람들이 많아서, 장보다가 쉽게 지친다.

동네 슈퍼

장점

- 가깝기 때문에 이동이 편하다.
- 배달이 가능해 장본 물건들을 편하게 가져올 수 있다.

단점

- 마트처럼 많은 물건들을 비치하고 있지 않기 때문에, 원하는 물건을 구입할 수 없을 때가 있다.
- 마트보다 가격대가 비싸다.

 재래시장

장점

- 마트나 슈퍼보다 훨씬 저렴한 가격에 구입할 수 있다.
- 한국 사람 특유의 '덤' 문화와 사람 사이의 정을 쌓을 수 있고 단골이 되면 혜택이 많다.

단점

- 통로가 좁아 이동하기 힘들고, 카트가 없어 무거운 물건을 들고 다닐 때 힘들다.
- 주차공간이 부족하다.

백화점

- 환경이 쾌적하고 친절한 서비스를 받을 수 있다.
- 오전에 식품 매장에 가면 사람도 없고 재료도 신선해 장 보기에 편하다.

- 가장 비싼 곳이다.
- 세일 기간에는 주차 선생, 사람 전쟁을 겪을 각오를 해야 한다.

 인터넷

- 힘들게 나가지 않아도 집에서 클릭 한 번만으로 구입할 수 있다.
- 오프라인 매장보다 가격이 저렴하다.

- 직접 보지 않고 구입하므로 실패할 확률이 많다.
- 배송비가 따로 든다.
- 환불이나 교환이 어렵다.

박람회

장점

- 박람회 기간에 미리 예약하면 20~30% 할인된 가격에 구입할 수 있다.
- 인테리어 트렌드나 방향성을 미리 알 수 있고 안목을 높일 좋은 기회다.

단점

- 박람회 기간에 스케줄을 맞춰야 하고, 자신이 원하는 것을 구입하기가 어렵다.

동대문, 남대문 등 대형시장

장점

- 대체적으로 동대문은 의류와 직물, 남대문은 인테리어 소품과 아동복이 저렴하고 물건이 많다.
- 기분 전환이나 윈도우 쇼핑하는 데 좋다.

단점

- 친절한 서비스를 기대하기 힘들고, 이동 시 매장 통로가 좁다.
- 카드로 구입하기 힘든 곳이 많다.

08

힘을 아껴주는 장보기의 기술

장보기에도 순서가 있답니다. 계획을 세우지 않고
장을 보면 이리 갔다 저리 갔다 하느라 힘만 들고 낭비만 하게 되죠.
식단 짜기 → 장보기(생활용품 먼저, 식품은 나중에 싣기) → 짐 정리(식
품 먼저, 생활용품 나중에 정리) → 쓰레기 정리와 주변 정리 순으로 진
행하세요.

01 | '장보기'의 가장 첫 순서는 식단 짜기입니다. 일주일치 장을
본다고 가정했을 때, 되도록이면 정기적으로 정해진 요일에 가
는 것이 좋습니다.
만일, 토요일에 장을 보기로 한다면 금요일 저녁에 미리 식단을 짜놓는
겁니다. 균형 잡힌 식단으로 매일 '무얼 먹어야 하나?' 하는 고민에서
벗어나게 해줍니다.

02 | 식단을 짜고 냉장고 안에 어떤 재료가 들어 있는지 파악해야
    합니다. 장보기 전, 요리 하고자 하는 음식 재료가 있는지 미리
체크하여 데스크 다이어리의 장 볼 날짜에 미리 적어놓습니다. 이때 구
입할 생활용품도 메모해두는 것이 좋습니다.

식단 효율적으로 작성하는 법

만약 여러분이 일요일에 장을 보았다면 월요일과 화, 수요일에는
채소나 빠른 시간 내에 먹어야 하는 신선도 높은 요리를, 점점 갈
수록 볶음밥이나 카레 같은 일품요리나, 해동 제품, 캔 제품 등 오
래 먹어도 되는 요리 순서로 식단을 짜는 것이 좋습니다. 월요일
에 밑반찬으로 감자볶음을 먹었다면 수요일이나 목요일에는 감자
샐러드를 배치하는 식으로 꼬리에 꼬리를 무는 요리를 선택해 재
료가 오래 남아 있지 않도록 하는 것이 현명합니다.

재료비나 제철 음식, 조리법, 칼로리, 균형 등을 생각하면서 식단
을 짜는 일은 시간이 지나면 차츰 노하우가 생기게 될 겁니다. 신
선한 재료 구입을 원한다면 오전에, 좀 더 저렴한 가격에 구입하
길 원한다면 폐점 시간 근처에 가는 것이 좋습니다.

03 | 데스크 다이어리에 미리 적어둔 물품들을 핸디수첩에 옮겨 적
습니다. 되도록이면 과일은 과일끼리, 소스는 소스끼리, 간식은
간식끼리, 생활용품은 생활용품끼리 칸을 달리하여 묶어서 적어놓으면
나중에 매장에서 구입할 때 편합니다. 냉장 제품이나 신선한 채소들은
나중에 구입해야 신서도를 유지할 수 있으므로 생활용품을 제일 위에
적어야 합니다.

04 | 항상 가지고 다니는 수첩은, 손바닥 크기만 한 핸디사이즈가
좋습니다. 또한 볼펜을 끼워 넣을 수 있고, 리필이 되는 파일
첩 스타일, 받침과 책갈피가 내장, 하드커버나 케이스가 따로 되어 있
는 튼튼한 수첩이 편합니다. 수첩에 미리 기록해서 장을 보아야 꼭 필
요한 물건만 구입할 수 있고, 1+1이나 충동구매의 유혹을 벗어나기 쉽
습니다.

01 | 장을 보러 갈 때는 부피가 큰 생활용품도 들어갈 수 있고, 간편하게 접어서도 갈 수 있는 타포린 백을 사용하는 게 좋습니다.

02 | 장보기 전에는 꼭 배를 든든히 채우고 나와야 합니다. 장을 보러 다니는 것이 생각보다 체력을 많이 소모하기도 하거니와 배가 고프면 계획에 없던 빵이나 간식, 기타 재료들을 사기 쉽기 때문이죠.

카트를 준비하고 생활용품 코너부터 먼저 동선을 정한 후, 구입한 물건에는 동그라미로 체크를 해나가면 헷갈리는 일이 없습니다.

수납을 생각한다면 생활용품들은 되도록 소형제품들을 구입하는 것이 좋아요. 세일이나 1+1의 혜택이 크다면 모를까, 덩치 큰 생활용품들은 공간을 많이 차지해서 집을 좁게 만드는 원인이 되기 때문입니다.

03 | 아래쪽에 놓아도 변형의 우려가 없는 생활용품을 먼저 구입하고, 신선도를 유지해야 하는 식품들은 마지막 순서에 구입하도록 하세요.

04 | 라면이나 캔, 소스 등의 변형 우려가 없는 식품들을 구입합니다.

05 | 맨 위쪽에는 변형, 파손의 우려가 있는 달걀이나 과일 같은 식품 재료를 놓습니다.

06 | 원산지와 유통기한은 꼭 확인하세요. 대부분 앞쪽에 진열된 물건보다는 안쪽에 있는 물건들이 유통기한이 많이 남아 있는 것들입니다.

영수증은 반드시 가지고 와서 가계부에 붙여두세요. 혹시 환불이나 교환할 일이 있을 때 필요하기도 하고, 물품 목록과 가격이 그대로 적혀 있어 일일이 가계부에 적을 필요가 없답니다.

만약 배달을 시키지 않고 본인이 물건을 가져와야 할 때에는 가방 무게에 편중이 없도록 골고루 균형 있게 담는 게 좋아요. 예를 들면 한쪽 가방에만 무거운 페트병이나 생활용품을 담고, 나머지 가방에 가벼운 것만 담는다면 집으로 가지고 올 때 무척 힘듭니다.

07 | 영수증은 매장에서 바로바로 확인하는 습관을 들이세요. 개수가 잘못 체크되거나, 가격이 틀리게 기록되는 경우가 종종 있거든요.

08 | 매장에서 장바구니에 담을 때는 식품은 식품끼리 생활용품은 생활용품끼리 따로 담으세요.

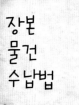

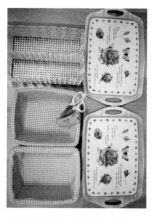

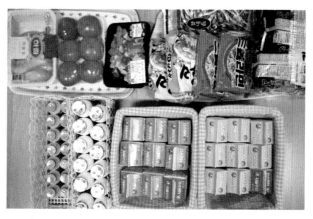

01 장바구니에서 물건을 무작정 꺼내지 말고 물품들을 분류할 트레이와 박스를 미리 준비합니다.

02 분류한 물품을 트레이나 바구니에 담아 바로 냉장고에 넣으면 됩니다. 무작정 꺼내서 담으려고 하다 보면 이리저리 섞여버려 시간이 많이 지체됩니다.

03 우유나 신선 제품들을 제일 먼저 보관하세요.

04 여러 개의 묶음이 있는 생선이나 재료들을 냉동실에 보관할 때는 미리 따로따로 지퍼백이나 파티션 용기에 담아 두어야 편합니다.

05 그 다음 보관해야 할 것은 신선도와 상관없는 캔, 저장 식품 등입니다.

06 식품 정리가 끝났으면, 생활용품들을 보기 좋게 수납하면 됩니다.

07 제품 정리 과정에서 나온 종이, 비닐, 플라스틱 등을 한데 모아서 재활용 박스에 분리해서 넣도록 하세요.

08 마지막으로 장바구니까지 잘 접어서 제자리에 보관하면 장보기는 모두 끝납니다.

09

정확하게 마무리하는
분리수거의 기술

주부의 일상 중 쉬운 일이 없겠지만, 일주일에 한 번, 정해진 날에 재활
용 쓰레기를 버리면 편리한 보관과 동선이 일거리를 덜어줍니다.

01 | 라탄박스 수납함에 우유
팩, 요구르트 병, 플라스
틱, 비닐봉지, 종이, 캔과 유리 등
재활용할 종류별로 이름을 앞에
붙여 두었어요.

02 | 덩치가 큰 택배 박스는,
거실로 들여오지 말고 현
관에서 바로 처리하는 게 현명합
니다. 가지고 오는 것도 무겁고,
박스 아래의 오염물로 거실 바닥
이 더러워질 우려도 있기 때문입
니다.

재활용 수납함을 베란다
에 두지 않고, 문만 열면 주방
에서 바로 버릴 수 있도록 앞
쪽으로 향하게 했습니다. 수납
과 인테리어, 동선을 최대한
편하게 하기 위해서 선택한 수
납함이죠.

03 | 병과 뚜껑이 재질이 다를
경우에는 분리해서 버려
야 합니다. 유리병은 유리, 뚜껑
과 두부 통은 플라스틱에, 덮개는
비닐에 버리셔야 합니다.

04 | 캔은 안쪽에 이물질이 없
게 한 후, 부피를 최대한
작게 만듭니다.

05 | 우유팩도 물기를 없앤 후
납작하게 만드세요. 우유
나 요구르트가 안에 남아 있으면
냄새와 오염의 원인이 됩니다.

06 | 재활용인지 아닌지는 항
상 '재활용마크'를 확인
해보면 됩니다.

07 | 미리 안에 넣어둔 비닐봉
지만 꺼내면 됩니다.

08 | 꺼낸 비닐봉지를 이렇게
대형 타포린백에 한꺼번
에 담으면 재활용 쓰레기장에 갖
고 가기 편합니다.

09 | 쓰레기장에서 안에 든 재
활용품은 분류해서 버리
고, 비닐봉지는 가져와서 다시 박
스 안에 담으세요.

10 | 위 칸 서랍에는, 비닐을
보관하고 있습니다.

11 | 비닐을 아무렇게나 쑤셔
넣으면 꺼낼 때마다 불편
합니다. 사이즈, 색깔, 두께에 따
라 칸막이를 두거나 박스 안에
세로로 보관하면 사용하기 편합
니다.

12 | 오른쪽 서랍에는 일반 쓰
레기를 넣을 규격 쓰레기
봉투와 두껍고 큰 비닐을 보관해
두었습니다.

13 | 요즘에는 재활용 쓰레기 봉투나 수납함이 다양하게 나와 있어 쓰레기 비우기가 훨씬 편해졌습니다. 베란다에 공간이 있다면 위와 같은 수납함을 이용하는 것도 좋은 방법입니다.

14 | 제가 이사 오기 전, 집의 베란다에 공간이 별로 없어서 3단 선반을 따로 세우는 방법으로 공간의 효율을 높였습니다. 사진에는 보이지 않지만, 휴지통 아래에도 플라스틱 바구니를 두어서 각 종류별로 재활용 쓰레기를 모을 수 있게 했습니다. 집의 규모가 중요한 것이 아니라 생활 패턴에 맞게 편리한 공간을 만드는 것이 살림을 보다 편하게 하는 지름길이라는 사실 잊지 마세요.

비닐은 너무 없으면 정작 찾을 때 불편하고, 너무 많아도 쓸데없이 공간만 차지하니, 각자의 생활 패턴에 따라 적당하게 보관하는 것이 좋습니다. 휴지통에 끼워 넣을 것, 작은 물건 사올 때 쓸 것 등 용도에 따라 사용할 필요가 있습니다.

살림은 창조적 예술

사진속의 원고노트 속에는, 몇 개월간 힘든 과정이 다 담겨있지만 이렇게 에필로그를 적는 이 순간, 마음속엔 형형색색의 마블링이 가득합니다.

이 책을 읽는 한 분 한 분에게 최선의 도움이 된다면 저로서는 매우 기쁘겠지요?

하지만, "활시위를 떠난 활처럼, 작가를 떠난 책은 독자의 몫이다"라는 롱펠로우의 말을 빌리지 않더라도 이제 이 책은 온전히 여러분들에게 남겨졌습니다.

많은 주부들이 살림을 그저 노동이라고 생각합니다. 하지만 살림은 노동이 아닙니다. 여러분의 행복한 삶을 꾸려나가기 위한 '준비 과정'입니다. 살림을 위한 살림을 하면 그것은 노동이지만, 더 행복한 삶을 위해 준비하는 과정은 즐거운 '행동'입니다.

산더미처럼 쌓여 있는 일만 생각해서는 절대 즐겁게 살림을 할 수 없습니다. 살림은 가족과 아름답고 깨끗하게 살기 위한 공간을 꾸미는 즐거운 작업입니다. 편하고 자유로운 자신만의 시간을 갖기 위한 최소한의 노력입니다.

　살림은 살아있습니다. 그것도 하나하나 따로 떨어진 생명체가 아니라 서로 맞물려서 돌아가는 톱니바퀴와도 같습니다. 예쁜 집을 위해서라면, 우선 수납이 되어야하고 냄새 없는 정갈한 환경을 만들려면 청소가 먼저 이루어져야 하는 것과 같습니다. 살림도 하나의 시스템과 같아서 이 책에서 말한 것처럼 체계적으로 계획을 잘 짜서 한다면 훨씬 일의 효율이 높아집니다.

　그렇다고 해서 처음부터 모든 걸 완벽하게 강박적으로 할 필요도 없고, 저와 똑같이 하지 않아도 좋습니다. 살림을 이끌어가는 여러분들의 집이나 성격, 스타일 등이 다 다르니까요.

　이 책을 통해 살림을 꾸려갈 '실천의지'와 '행동력'을 여러분들에게 줄 수만 있다면 그것만으로도 이 책의 역할은 모두 한 것입니다. 제가 10년이 넘도록 겪은 시행착오와 경험들을 통해 여러분들이 짧은 시간 안에 '살림의 재미'를 느낄 수 있다면 그것만큼 보람된 일은 없을 테니까요.

　제가 힘들어서 지칠 때마다 '산꼭대기가 아니라 발밑을 보고 걸으라'며 힘을 준 남편, 엄마가 원고로 바쁠 때에도 이해해주고 응원해준 사랑하는 예지와 준희, 저에게 살림하기 좋은, 깔끔한 성격을 유전으로 물려주신 부모님, 10년 넘는 세월 동안 싫은 소리 한 번 한 적 없이 저를 아껴주신 시부모님, 블로그나 안부를 통해 제게 힘을 준 블로그 이웃들과 지인, 그리고 이렇게 책을 낼 기회를 주신 한성출판사와 북오션에게 깊은 감사를 드립니다.

　마지막으로 이 책을 사서 읽어주신 여러분들에게 진심으로 고맙습니다.